国家自然科学基金面上项目（51775131）

河南省科技攻关计划项目（212102310095）

双转子构型液压变压器
设计·分析·实验·仿真·实例

SHUANGZHUANZI GOUXING YEYA BIANYAQI
SHEJI FENXI SHIYAN FANGZHEN SHILI

刘忠迅　著

化学工业出版社

·北京·

内容简介

本书针对目前液压变压器亟待解决的关键问题，提出了双转子构型解决方案。双转子构型液压变压器是一种新型液压节能元件，本书全面阐述了其设计、理论、性能以及特点；对双转子构型液压变压器配流盘表面非光滑凹坑润滑承载机理进行了深入与系统的分析，提出了双转子构型液压变压器变量配流等关键部位的设计方法；论述了双转子构型液压变压器的压力转速耦合特性；阐述了双转子液压变压器压力转速耦合模型的建立方法以及降低波动性的策略；研究了双转子液压变压器的压力过渡特性；提出了基于瞬态 CFD 的液压变压器压力过渡区设计方法；设计并试制了双转子构型液压变压器的样机，进行了一系列实验研究。

本书可为从事液压元件和系统研究、设计制造、使用维修等人员提供技术支持，也可供大中专院校机械专业类的师生教学使用和参考，更可作为液压专业的研究生教材。

图书在版编目（CIP）数据

双转子构型液压变压器：设计·分析·实验·仿真·实例/刘忠迅著．—北京：化学工业出版社，2024.5
ISBN 978-7-122-45313-6

Ⅰ．①双…　Ⅱ．①刘…　Ⅲ．①变压器　Ⅳ．①TM4

中国国家版本馆 CIP 数据核字（2024）第 063042 号

责任编辑：黄　滢　　　　　　　装帧设计：王晓宇
责任校对：李露洁

出版发行：化学工业出版社
　　　　　（北京市东城区青年湖南街 13 号　邮政编码 100011）
印　　装：北京天字星印刷厂
787mm×1092mm　1/16　印张 14　字数 234 千字
2024 年 7 月北京第 1 版第 1 次印刷

购书咨询：010-64518888　　　　售后服务：010-64518899
网　　址：http://www.cip.com.cn
凡购买本书，如有缺损质量问题，本社销售中心负责调换。

定　　价：128.00 元

Preface

前言

液压技术具有功率密度大、易于调速与控制等特点，广泛应用于工程机械、农业机械、矿山机械等领域。然而受节流效应的影响，目前广泛使用的阀控系统的能量转换率往往很低。本书所研究的液压变压器能够无节流损失地传递能量，同时可对负载能量进行回收再利用，从而能极大提高液压系统的能量转换效率。

本书针对目前液压变压器亟待解决的关键问题，提出了双转子构型解决方案。双转子构型通过额外的转子能够突破缸体强度的限制，成倍地增加柱塞数量，从而能够缓解液压变压器的波动问题；设计了双转子构型液压变压器双端面变量配流机构，采用双端面配流原理解决了传统配流盘转动型液压变压器中存在的节流问题，且所受轴向液压力能够相互抵消。除此之外，本书提出通过采用壳体支撑改善转子的受力状态，通过调整双转子液压变压器配流盘上三个配流窗口包角相对大小的方法改善液压变压器工作特性的首创技术方案。双转子构型液压变压器是一种新型液压节能元件，本书全面阐述了新型双转子构型液压变压器的设计、理论、仿真以及实验方法与结果。

书中除了第一章对目前现有液压变压器进行概述外，其余章节均为自主知识产权的研究内容。本书可为从事液压元件和系统研究、设计制造、使用维修等人员提供技术支持，也可供大中专院校机械专业的师生教学使用和参考，更可作为液压专业研究生教材，对于提高我国液压基础件的研究水平具有重要的实用价值和指导意义。

此书成形的过程中，得到了国家自然科学基金委员会、河南省科学技术厅和黄淮学院的大力支持，同时得到了哈尔滨工业大学姜继海教授、上海理工大学沈伟教授以及黄淮学院液压与气压传动思政样板课程团队的指导与帮助，在此一并表示感谢。

由于水平所限，书中不足之处在所难免，欢迎广大读者批评指正。

著　者

目录

第**7**章

双转子液压变压器
的实验研究

184

参考文献

第 **1** 章

液压变压器的发展概述

液压技术具有功率密度大、易于调速与控制等特点，广泛应用于工程机械、农业机械、矿山机械等领域。然而受节流效应的影响，目前广泛使用的阀控系统的能量转换率往往很低，典型的液压机械挖掘机的效率大都不到 30%。能量损耗高意味着效率低与废气排放多，会给人类生活和社会经济带来各种恶劣影响。本书所研究的液压变压器能够无节流损失地传递能量，同时可对负载能量进行回收再利用，从而极大地提高液压系统的能量转换效率。液压变压器不仅是液压基础元件，而且是液压节能元件。

1.1
液压变压器的发展背景

随着技术的进步与社会的发展，能源问题越来越引起人们的重视，在液压技术领域，如何提高液压系统的效率和降低能耗，一直是人们研究的热点[1,2]。在阀控液压系统中，由于不可避免地产生巨大的节流损失与热量，导致其效率很低[3]。而对于使用单个变量泵的系统以及使用电液作动器的系统（EHA，变频电动机直接驱动定量泵的系统）而言，它们使用单个泵来实现对多个执行器的复合控制的需求限制了其应用范围[4]。

目前，液压系统在传统市场上的地位正不断受到电力系统的挑战[5,6]。电力系统以及电力混合动力系统已经广泛应用于民用场合之中[7]；而在军用领域，飞行器总体设计人员在选择推力矢量控制系统时，电动伺服控制系统也正取代电液伺服控制系统成为首选[8,9]。面对电力系统的强力挑战，压力共轨（common pressure rail，CPR）系统的概念为构建高效、模块化、高可靠性的液压系统指出一个重要的方向[10]，而本书所研究的液压变压器正是 CPR 系统中的核心元件。CPR 系统原理如图 1-1 所示。

CPR 最初由荷兰 Innas 的 Achten 提出，其理论基础（在旋转负荷控制方面）与 1977 年产自德国的二次调节技术相似[11]。基于 CPR 的液压系统可分为高压和低压两侧，类似于有高低压线路的电网系统。选择恒压变量泵作为主泵，并与液压蓄能器一同工作，以保持

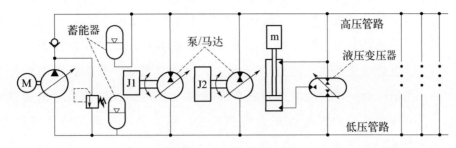

图 1-1　CPR 系统原理

CPR 压力恒定。不同数量、不同种类的执行器可并联在 CPR 高低压线之间，由 CPR 提供能量进行互不干扰的控制。因此，在恒压条件下，通过调整执行机构的排量，可以实现对位置、速度以及功率的控制[12]。其工作原理决定了执行元件的排量必须是可调的。一般来说，旋转负载与传统的二次调节类似，可以通过变量液压泵/马达来控制[13]。而对于用于驱动线性负载的液压缸，由于难以实现其排量的改变，只能使用节流原理对液压缸进行控制。然而，节流阀只能用于实现一个方向的降压（通常是从泵到直线执行器）。同时，在运行过程中节流阀还会产生较大的节流能量损失，带来大量的热量，从而导致液压系统整体效率下降[14,15]。因此，迫切需要一种新型的液压元件能够无节流损失地驱动液压缸等固定排量的液压执行元件，这是液压变压器发展的背景。

液压变压器是 CPR 系统的核心元件之一，真正体现了液压系统的柔性与高效的结合，通过容积控制，液压变压器在 CPR 系统中能回收几乎所有无用的能量，令液压系统在效率上超越电力系统成为可能。研究结果表明，液压变压器还能在轮式车辆中实现齿轮箱及变矩器的功能，在同样负载情况下燃料能够节省 50%[16,17]。控制液压缸时所能带来的节能效果则更加显著，其中一部分能量节省是由于能量回收，但是更多的节能效果来自消除了液压阀的节流损失[18~20]。液压变压器在功能上是用于调节流体传动回路中流体方向、压力、流量的新型液压元件，这要求其流量、压力以及控制特性必须满足一定要求[21~23]。

但是目前，受控制固定排量液压执行元件能力的限制，CPR 技术尚未大面积推广。根本原因在于缺少高性能的关键元件——液压变压器。这是由于在工作时，液压变压器的转子中同时存在"驱动"柱塞与"负载"柱塞，因此其扭矩波动剧烈且相互影响，造成流量、压力的波动。再加上配流盘和缸体惯量都很小，液压变压器本身的动态响应速度快，使它的抗干扰能力变得很差。配流盘位置的微小变动即会立即改变缸体转矩的平衡和变压器的旋转速度，进而液压变压器传递的流量也跟着快速改变，振动和噪声问题将随之而来。因此，液压变压器还存在着输出流量、压力波动大，自身扭矩波动大，低速运转不稳定、噪声大等问题。然而，CPR系统一切优势的获得是以液压变压器的性能为基础的，所以作为在CPR系统中新应用的关键液压元件，亟须对液压变压器的关键技术进行系统性的研究，解决限制液压变压器性能的关键问题，最终推动液压变压器这一基础元件进步，为工业技术的发展添砖加瓦。

1.2
液压变压器的发展历程及研究现状

液压变压器类似电力传输系统中的电力变压器和机械传动系统中的减速器，在工作过程中遵循能量守恒原理，根据负载需求，将输入压力放大或缩小后再输出。液压变压器根据结构形式的不同可以分成两类：①直线型；②旋转型。直线型液压变压器由液压缸组成，仅能实现有级变量。旋转型液压变压器则能够实现无级变量，根据其结构形式，可进一步分为串联型与集成型两种。直线型与串联型液压变压器也被称为传统型液压变压器[13]，但由于两者具有不同的结构与原理，因此下面分别介绍直线型、串联型和集成型液压变压器及其相关应用的国内外研究现状，以获得对液压变压器发展脉络的清晰认识。

1.2.1　直线型液压变压器

直线型液压变压器又叫液压增压缸，通过两不同面积的活塞的轴向同步运动，以力传递的形式实现压力与流量的转化，其原理如图1-2所示。

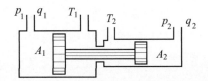

图 1-2　原理最简单的液压变压器——液压增压缸

p_1，p_2—压力；q_1，q_2—流量；T_1，T_2—扭矩；A_1，A_2—活塞横截面积

直线型液压变压器一般被作为液压系统的局部增压器使用，具有结构简单、成熟可靠的特点。然而，受制于活塞面积不易改变，再加上液压缸活塞行程有限，其变压比为一个定值，难以实现单独连续工作。

为实现直线液压变压器变压比的改变与控制，Elton Bishop 于 2010 年提出一种基于数字原理的直线型液压变压器[24]，如图 1-3 所示。

在变压器的设计过程中，根据二进制数字编码原理，以 8：4：2：1

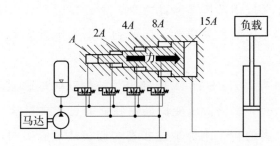

(a) 基于数字原理的直线型液压变压器原理

(b) 样机照片

图 1-3　液压变压器[24]

A—活塞杆小端横截面积

的面积比例设计不同工作面积的多级柱塞，通过组合控制的方式可实现变压比 1～15 的多级调节，从而大大提高了压力的变化范围。由于其结构简单可靠，十分适合用于对压力变化范围要求较高但对流量需求不大的场合[25]。例如，用于液压叉车中时基于数字原理的直线型液压变压器可以通过控制举升机构，在很大的货物质量范围内实现重力势能的回收。

1.2.2　串联型液压变压器

串联型液压变压器通常由两个独立的可变排量液压马达与液压泵组成，并由一个公共主轴刚性连接。通过改变变量液压泵/马达的排量能够改变作用在公共主轴上的扭矩，从而实现对变压比的控制。

在 1965 年，美国人 Tyler 最早申请了一种具有双排结构的液压变压器[26]。在结构上其相当于将两个固定排量的泵与马达串联起来，如图 1-4 所示。其主要作为增压器使用，并能够实现连续工作。然而，由于泵/马达的排量不可变，再加上排量不相等，因此造成该双排串联型液压变压器的变压比是固定的，且只能实现单向变压，严重限制了其应用范围。除此之外，由于在圆周方向上采用了两组分布圆半径不同的柱塞组件，因此加工与装配难度大大增加，效率也很难保证。

1971 年，Herbert H K 提出了一种双向串联型液压变压器，如图 1-5 所示[27]。该液压变压器由独立的可变排量液压马达与液压泵组成，两者的转子刚性地连接在一起，从而能够同步旋转。由于泵

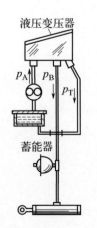
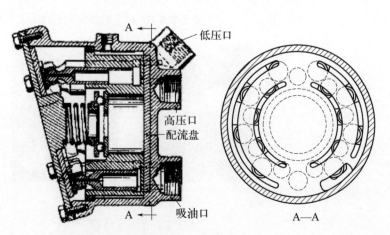

图 1-4　双排串联型液压变压器[26]

和马达在功能上是可逆的，因此在一定工况下，液压泵可作为液压马达使用，而液压马达的功能也可由刚性连接的液压泵实现。因此，通过调节变量液压马达的排量，可以实现对压力的双向调节。

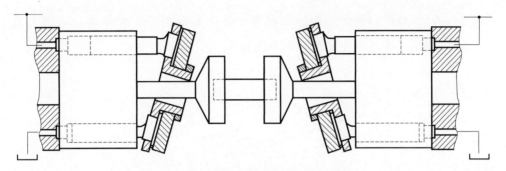

图 1-5　双向串联型液压变压器[27]

如图 1-6 所示为一种基于力士乐公司现有液压泵与马达的串联型液压变压器[28]。可以看出，在结构形式上，其依然采用主轴刚性连接的轴向柱塞泵与变排量轴向柱塞马达的形式，相比于 Herbert 提出的双向串联液压变压器，其在结构上并没有显著改进。

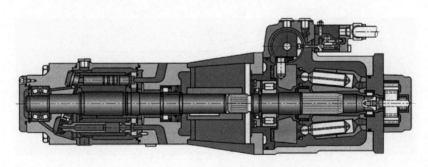

图 1-6　力士乐公司生产的串联型液压变压器[28]

1982 年，力士乐公司的 Kordak R 对接入 CPR 系统的定量执行元件的性能以及连接方式进行了研究[29]。随后，包括 Dluzik K、Shin M C 等在内的几位研究人员通过改变液压缸与液压变压器之间的连接方式，研究了在包括执行机构的载荷、结构以及系统参数发生变化以后液压变压器的动态特性[30]。1996 年，Kordak R 从能量的观点出发，分析了二次调节系统的能量损耗特性。他指出，当通过液压变压器控制液压缸时，液压系统的能量损失取决于液压变压器自身的能量损失[31]。

　　由于将两个完整的变量液压泵/马达刚性连接在一起时，结构体积与重量都很大，为了提高功率密度，德国人 Dantlgraber 于 1997 年提出了一种新型的一体式串联型液压变压器，其结构如图 1-7 所示。该结构的液压变压器将两个转子集成在一个壳体内，从而大大降低了液压变压器的体积与重量[32]。

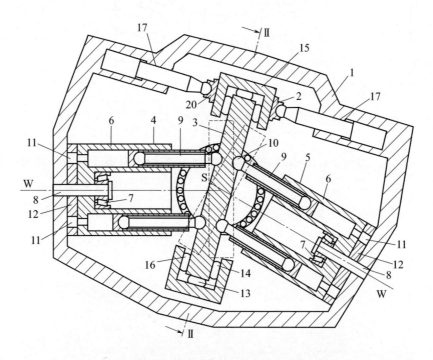

图 1-7　一体式串联型液压变压器[32]

1—壳体；2—滑靴；3—变量盘；4—左缸体；5—右缸体；6—缸体；7—圆锥滚子轴承；
8—轴；9—连杆；10—球头；11—油口；12—配流盘；
13,14,16—滚子；15—轴承；17—变量柱塞

　　2002 年，哈尔滨工业大学的董宏林基于二次调节静液传动技术，建立了具有举升装置的实验系统，验证了串联型液压变压器的压力转换原理[33~35]，实验样机如图 1-8 所示。他指出，在液压变压器的工作过程中，对变压比的控制将在很大程度上决定着整个液压网络的功率匹配以及压力恒定。

　　2014 年，美国明尼苏达大学的 Sangyoon 等提出一种中心轴固连的微小串联型液压变压器，如图 1-9 所示。该液压变压器采用两个排

图 1-8　刚性连接的液压变压器

量为 3.15mL/r 的变量液压泵。为了提升该液压变压器的效率，他们研究了一种基于 Back-Steping 的轨迹跟踪控制器，取得了良好的效果[36]。在 2015 年，Sangyoon 等对液压变压器作动器的控制进行了进一步的研究，提出了将被动步进控制与轨迹跟踪控制相结合的方法。除此之外，他们还考虑了液压变压器转速的影响，他们认为优化液压变压器的转速可以进一步提高工作效率[37]。

图 1-9　微小串联型液压变压器[36]

由于串联型液压变压器刚性地连接了两个功能完整的液压变量泵与变量马达，因此体积与重量将会很大。同时，由于总效率取决于这两个二次元件容积效率与机械效率的乘积，因此当斜盘摆角减小后，整体效率将会降得很低。除此之外，变量泵/马达复杂的控制机构与中等的响应速度也限制了串联型液压变压器的应用[38,39]。目前针对串联型液压变压器的研究正在减少，液压变压器正朝着体积小、重量轻与高响应速度的方向发展。

1.2.3 集成型液压变压器

通过三窗口配流盘能够将泵与马达的功能集成于一体，而不是刚性地连接两个功能独立的泵/马达的主轴，因此称其为集成型液压变压器[22]。集成型液压变压器通过改变配流盘与斜盘之间的相对旋转角，实现对流量和压力的控制。目前所研究的集成型液压变压器根据控制配流盘与斜盘之间夹角改变方式的不同，可分为配流盘转动式、斜盘转动式以及复合运动式三种。下面依次对这三种集成型液压变压器的研究现状进行综述与分析。

（1）配流盘转动式

1997 年，Achten 等提出一种基于弯轴液压马达机体的集成型液压变压器（IHT），通过手动调节配流盘转动实现对变压比的控制[40,41]。IHT 的结构原理如图 1-10 所示，其最显著的特点是配流窗口从吸、排油两个变成 A、B 与 T 三个，其中 A 口接 CPR 高压，T 口接 CPR 低压，B 口接负载。这也是世界上第一台集成式液压变压器。

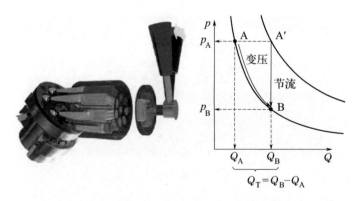

图 1-10　基于弯轴马达的集成型液压变压器（IHT）[40]

1997～2000 年，Achten 等阐述了液压变压器的研究背景、工作原理以及四象限工作特性，还推导了变压器的流量和扭矩计算公式，建立了其数学模型，并进行了仿真研究[42~45]。由于在集成型液压变压器中，压力过渡区的位置角随控制角的变化而变化，并往往不与柱塞运动的止点重合，导致柱塞在经过过渡区时拥有一定的轴向速度。再加上处于过渡区中的柱塞容腔的通流面积很小，在柱塞腔容积膨胀或压缩的作用下，柱塞腔内瞬时压力将剧烈变化，从而导致液压变压器机械噪声与流体噪声的增大。为了解决这一问题，Achten 等提出了"梭"的结构，如图 1-11 所示。当柱塞经过压力过渡区时，"梭"能够吸收或者释放一定油液，从而起到减振降噪的作用。仿真分析结果表明，采用"梭"以后，液压变压器的效率与噪声特性都有明显改善[46]。

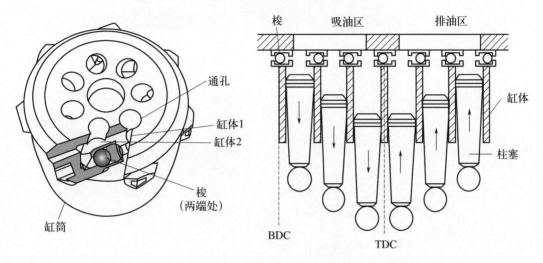

图 1-11　"梭"结构[46]

2001 年，力士乐公司的 SchäfferRudolf 等提出了一种能够增加转子与配流盘之间压紧力的结构，以拓宽液压变压器变压比的范围[47~49]。同年，Werndin 等建立了液压变压器的效率模型。通过计算，他们认为集成式液压变压器面临的最大挑战是在低速下高效平稳运行[50]。

2005 年，浙江大学的欧阳小平设计并制造出了中国第一台集成式液压变压器样机，如图 1-12 所示。该样机以弯轴液压马达为基础，以保证工作性能[22,23]。为解决变压比调节范围过小的问题，欧阳小平等提出了一种具有特殊流道的配流盘和与之相对的后盖。该结构能够拓宽液压变压器配流盘旋转后的通流面积，从而消除变量过程中的节流效应，提高变压比调节范围[51,52]。

2008 年，哈尔滨工业大学的卢红影研究了一种电控弯轴集成型液压变压器[53,54]，如图 1-13 所示。其通过伺服电机控制液压变压器

(a) 样机照片

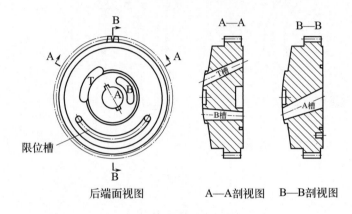

(b) 配流盘结构

图 1-12　手动控制弯轴集成型液压变压器[23]

配流盘的转动，克服了手动控制响应速度慢、精度低等问题，并实现了变压比在 0～2 之间的变化，同时分析了液压变压器控制直线执行机构的四象限工作特性。

2009 年，吉林大学的刘顺安提出了一种内开路式液压变压器，在主轴上加工有配流窗口，通过采用联合全通柱塞的两侧端面同时配流的方法，以提高液压变压器的自吸性[55～57]。内开路式液压变压器具有结构紧凑的特点，且配流盘转动过程中不会产生节流损失。他们还对自由活塞发动机进行了研究[58]，其能够与液压变压器一起配合工作，并取得更好的节能效果。

2011 年，哈尔滨工业大学的刘成强提出了一种斜盘型液压变压器[59]，结构原理如图 1-14 所示。为了揭示液压变压器工作过程中噪

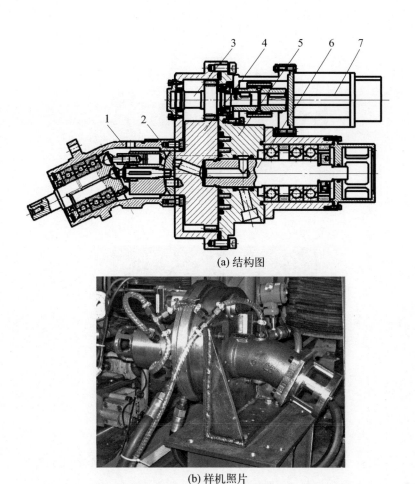

(a) 结构图

(b) 样机照片

图 1-13　电控弯轴集成型液压变压器[51]

1—壳体；2—配流盘；3—轴；4—齿轮；5—后盖；6—配流轴；7—步进电机

声的产生原因，他研究了液压变压器的瞬时流量特性，并定义了液压变压器流量脉动的概念，研究了三角槽减振降噪的原理，对比了减振槽与"梭"结构，认为减振槽在柱塞容腔通流面积很小情况下的压力平滑过渡具有一定优势，且加工成本更低[60]。

2013 年，武汉第二船舶设计研究院的刘贻欧设计了一种基于 A10V 轴向柱塞泵的液压变压器，其配流盘能够通过摆动液压缸直接驱动以实现对配流盘转角的快速控制[61]。随后，刘贻欧又对其进行了改进，设计了能够根据负载压力的变化自适应调整输出压力的液压变压器[62]。

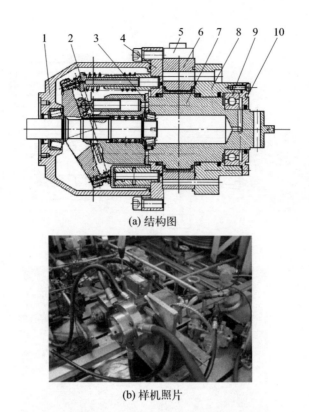

(a) 结构图

(b) 样机照片

图 1-14　斜盘柱塞型液压变压器[57]

1—壳体；2—主轴；3—配流盘；4—转接盘；5—油口；6—摆动马达的定子；

7—摆动主轴；8—摆动马达端盖；9—深沟球轴承；10—后端盖

2016 年，山东大学的臧发业提出了基于旋转配流盘的叶片式液压变压器，具有流量波动小的特点[63]。

2017 年，太原科技大学的仉志强提出了一种组合配流盘结构，以解决液压变压器变压范围小的问题[64]。分析了组合配流盘液压变压器的工作原理，建立了其变压比模型。该模型考虑了位置角、摩擦损失、转速以及输入压力的影响。同一年，华中科技大学的刘成强提出了一种电液伺服斜盘型液压变压器以解决手动控制的液压变压器不能在液压系统中实现自动控制以及远程控制的问题。在电液伺服液压变压器中，配流盘通过电液伺服摆动马达控制以满足对响应速度与控制精度的要求[65]。

（2）斜盘转动式

通过控制斜盘绕固定的配流盘转动，能够以相对运动的原理来实现对控制角的控制。2004 年 Vael 等将浮杯原理[66~68] 应用于液压变压，提出了一种浮杯液压变压器[69]。浮杯液压变压器以及浮杯的转子结构如图 1-15 所示。工作过程中，浮杯液压变压器的配流盘不动，通过齿轮齿条传动同步控制两侧斜盘绕轴向旋转，以改变柱塞运动轨迹止点位置，从而通过相对运动的原理实现对液压变压器控制角的调节。除此之外，浮杯液压变压器中还采用了无衬套的柱塞结构以减少摩擦阻力[70,71]。然而，由于变量结构复杂，目前为止尚未见样机。

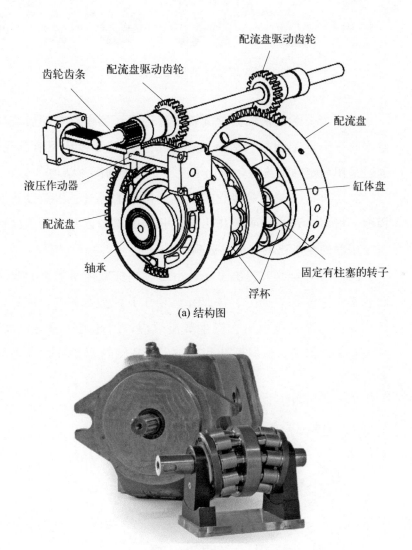

(a) 结构图

(b) 浮杯泵中的转子

图 1-15　浮杯液压变压器及浮杯的转子结构[68]

2009 年，Achten 等提出了一种四象限液压变压器，如图 1-16 所示。他们论述了该变压器的四象限工作模式，认为通过四象限工作模式能够提高液压变压器在低速工况下的效率[72]。然而，由于该四象限液压变压器采用了中空的柱塞，严重限制了斜盘倾角的大小。同时，由于相对运动的间隙较多，容积效率很难保证。

图 1-16　四象限液压变压器[72]

2009 年，为解决配流盘旋转型液压变压器中存在的后盖与配流盘之间流道匹配问题，荆崇波提出了一种斜盘转动型液压变压器，通过采用固定的配流盘，简化了液压变压器的配流结构[73]。

2012 年，李雪原等建立了液压变压器的排量、扭矩以及变压比模型，指出 T 配流窗口的压力、负载端的流量以及流体的黏性对液压变压器的变压比具有重要影响[74]。

2013 年，吴维等提出了一种由蜗轮蜗杆减速机控制的斜盘转动型液压变压器[75]，如图 1-17 所示。由于其配流盘固定，配流窗口与后端盖在工作过程中不会产生节流效应，因此能够显著提高效率，扩大变压比范围。他们设计并加工了液压变压器的样机并进行了实验研究。

(a) 结构图

(b) 样机照片

图 1-17　斜盘旋转型液压变压器[75]

　　2018 年，荆崇波等提出了基于斜盘转动型液压变压器的变压比理论模型，并对该模型进行了实验验证[76]。结果表明，这种结构的液压变压器具有很大的压力调节范围。同时，由于扭矩损失的存在，降低 A 配流口的压力以及提高转速将会降低液压变压器的变压比。

(3) 复合运动式

　　2012 年，Innas 公司提出了一种基于浮杯结构的 Oiler 液压变压器[77]。Oiler 液压变压器的结构如图 1-18 所示。

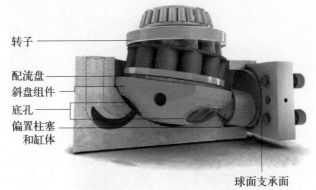

转子

配流盘

斜盘组件

底孔

偏置柱塞
和缸体

球面支承面

图 1-18　Oiler 液压变压器的结构[77]

Oiler 液压变压器的部分原理与开路式柱塞泵相似，将配流盘与斜盘的功能合二为一，通过控制球面配流盘做三自由度运动，实现对液压变压器变压比的控制。然而，由于三自由度配流盘的控制需要通过欧拉公式计算，因此对控制的要求很高。同时，处于高压区柱塞的分布不同于泵/马达，驱动配流盘做三自由度运动需要很大的油液压力才能实现，这将导致能耗的增加，尤其在工况变化频繁的情况下。因此控制过程中的能耗问题是 Oiler 液压变压器应用推广所面对的最严峻挑战。除此之外，由于该结构零部件多，结构复杂，对加工与装配技术的要求也很高。到目前为止，尚未见到样机及测试结果。

2019 年，哈尔滨工业大学的杨冠中提出了一种变量液压变压器[78]，其结构原理如图 1-19 所示。

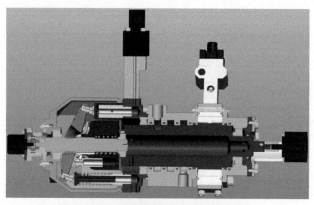

(a) 结构图

(b) 样机照片

图 1-19　变量液压变压器的结构原理[79]

在变量液压变压器中，斜盘变量角与配流盘控制角能够同时调节，从而降低了对液压变压器规格的需求。其建立了液压变压器的理论数学模型，研究了引入变量角后的液压变压器流量压力以及功率特性[79~81]。同时描述了液压变压器的耦合特性，并利用补偿原理给出了针对变量液压变压器耦合特性的解耦方案。

综上所述，对比集成型液压变压器的三种控制角改变方式可以得出：对于旋转配流盘式，其优点是转动惯量小、响应速度快，但配流盘转动后配流窗口的通油流道需要特殊设计；对于斜盘旋转式，由于配流盘是固定的，在变量控制过程中不会产生配流窗口通流面积的变化，从而没有节流损失的问题，但在斜盘转动的过程中将受到高压区柱塞轴向压紧力的影响；而对复合运动式，由于增加了额外的控制量，液压变压器的控制需要更加复杂的控制算法。

1.3
液压变压器的应用

尽管在结构上液压变压器还需要进一步完善，但其广阔的应用前景已经引起了学术和工程领域专家学者的广泛关注。

Vael 等在 1998 年将液压变压器应用于叉车，设计了叉车液压系统，并提出相应的控制策略。该系统不仅消除了原有采用负载敏感技术液压系统的节流损失，还实现了重力势能的回收和利用[43]。随后，Werndin 从控制特性与效率两方面对液压变压器进行了研究，其认为液压变压器的低速运行将是最大挑战[44]。为了实现比目前广泛应用的负载敏感系统更好的控制特性与更高的节能效果，Vael 等研究了液压变压器在 Mecalac 挖掘机中的控制方法[82]。液压变压器用于挖掘机如图 1-20 所示。

2007 年，Achten 等提出了同时采用液压变压器与液压泵/马达的混合动力车辆方案[83,84]。

2009 年，施虎等研究了将液压变压器应用于 $\phi 6.3m$ 土压平衡盾构推进系统的方案，提出了一种基于液压变压器的新型节能盾构液压推进系统[85]。研究结果表明，该系统可显著降低液压系统的装机

(a) Mecalac挖掘机

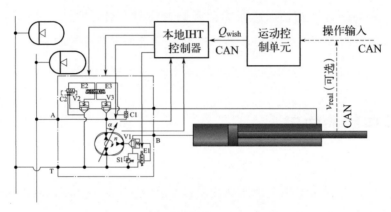

(b) 控制液压缸的方法

图 1-20　液压变压器应用于挖掘机[82]

功率，能够获得良好的节能效果。

2010 年，吉林大学的董东双等将液压变压器应用于多功能除雪机中[86]，有效地避免了不同负载之间由于载荷变化造成的相互干扰，并实现了复杂液压系统的功率匹配。

2012 年，姚永明对基于液压变压器的 ZL50 装载机节能系统和液压混合动力系统进行了研究，对比了液压变压器的 PID 控制与模糊 PID 控制方法[56]。

2013 年，刘成强提出了通过电液伺服马达控制配流盘转动的方法，设计了相应的模糊 PID 双模控制器，实现了对液压变压器的自动控制[59]。在接下来几年里，吴维等研究了通过液压变压器的自适应控制来驱动车辆[87]。其仿真结果表明，自适应液压混合动力汽车具有与电液混合动力汽车相似的动态特性，但可靠性较低。刘彤等研究了基于液压变压器的 TBM 刀具混合驱动系统[88]。仿真结果表明，通过调节变压比可以精确地实现二次元件对蓄能器的低压充能与高压释能。其对压力的控制误差小于 2%，在典型工况下刀具传动系统的效率能够提高 4.99%。

近年来，沈伟等针对液压位移控制系统，提出了一种双闭环控制方法。该方法将滑模前馈步长和自适应模糊 PID 相结合，分别用于内循环与外循环之中。该方法能够有效地提高液压变压器系统的刚度[89]。沈伟等还对液压变压器的控制角、转速和输出压力进行了综合分析，认为液压变压器的最大控制角应在 1.75rad 左右。在相同工况下，控制角过大将导致输出流量急剧下降，从而带来动态响应慢、效率低的问题[90]。他们的团队提出用动态规划算法优化控制变量轨迹，分析了基于 CPR 的液压混合动力挖掘机的三种控制策略[91]。在此基础上，沈伟等还提出了一种基于 CPR 的液压混合动力挖掘机（HHEC）能量分析方法。通过与电动混合动力挖掘机对比，其认为该系统具有功率密度大的特点[12]。仿真结果表明，与负载敏感系统相比，HHEC 的燃油消耗降低了 21%。在采用小功率发动机情况下，油耗甚至能够降低 32%。

液压变压器可以控制驱动旋转负载的液压马达，典型的应用是在汽车领域。其优点可以概括为：可以使发动机工作在高效区，可以回收制动能量，以及结构紧凑[92]。图 1-21 所示为液压变压器在 CPR 中与液压马达连接方式的一个德国专利[93]。

2005 年，Achten 等将液压变压器应用于串联式混合动力汽车的车轮驱动中，进行了一系列的创新研究，提高了系统的低速效率，实现了制动能量的回收，从而降低了车辆的装机功率和油耗[70]。

2008 年，Achten 等提出了一种基于 CPR 系统与液压变压器的混合动力汽车，如图 1-22 所示。该方案完全摒弃了传统汽车中的机械传动，采用液压变压器作用控制元件实现对四个定排量液压泵/马达的控制，并通过蓄能器提供辅助动力。研究结果表明，采用该方案以后，中型客车的油耗可降低 50%，二氧化碳排放量可降低至 82g/km，远低于欧盟标准的 120g/km[71,94]。2011 年，Achten 等对

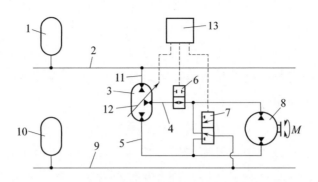

图 1-21　液压变压器控制液压马达的原理[93]

1—高压蓄能器；2—管路；3—液压变压器；4—变压器负载口管路；5—变压器低压口管路；

6,7—换向阀；8—液压马达；9—低压端管路；10—低压蓄能器；11—变压器高压口管路；

12—变量机构；13—控制模块

传统 33t 轮式装载机系统与 CPR 系统进行了比较。认为 CPR 系统可以减少 50％的燃料消耗，同时还能大大降低系统对冷却的要求[95]。2016 年，Achten 将基于液压变压器的液压驱动车辆系统申请了专利[96]。

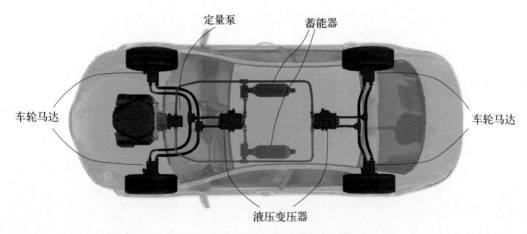

图 1-22　基于 CPR 系统与液压变压器的混合动力汽车[94]

2016 年，吴维等提出了一种由液压变压器控制液压马达的汽车驱动系统。为了满足液压马达转速精确控制的要求，他们提出了采用自适应系统的汽车液压混合动力驱动方法[97]，其工作原理如图 1-23 所示。其所提出的模式切换系统具有较高的可靠性和效率，同时成本很低。

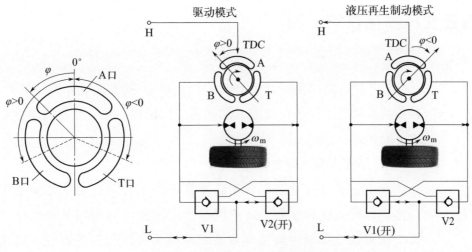

图 1-23　自适应系统的工作原理[97]

2018 年，宁初明等通过实验和仿真分析了某型装甲抢修车阀控液压变幅系统（VHLS）的能耗[98]，设计了一种基于 CPR 的新型液压混合变幅系统（NHLS），该系统通过模糊 PID 进行控制。研究结果表明，NHLS 相比于 VHLS 具有更好的控制性能。同时，NHLS 还可以提高能量利用效率，从而能够显著降低系统的能耗。VHLS 与 NHLS 系统能耗的对比如图 1-24 所示。

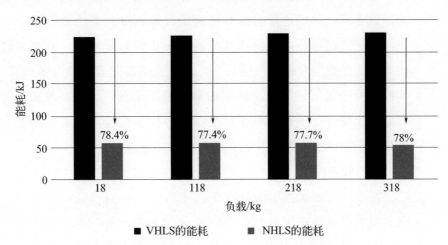

图 1-24　VHLS 与 NHLS 系统能耗的对比[98]

1.4
液压变压器存在的问题

近年来，液压变压器得到了广泛的关注和快速的发展。然而，目前的液压变压器还没有进入成熟的应用阶段。液压变压器仍存在以下问题。

（1）流量与压力的波动问题

液压变压器通过三窗口配流盘将液压泵与马达的功能集成于一体。因此，在柱塞数一定的情况下，配流窗口的增多将使处于每个配流窗口范围内的柱塞数量相对减少，同时将使得进入与离开配流窗口时的柱塞轴向运动速度不连续，从而造成液压变压器的流量、压力的剧烈波动，以及低速稳定性差。因此，需要通过结构改进与创新，从原理上降低液压变压器的波动性。除此之外，还需要通过精确的液压变压器数学模型，研究不同工况下的流量、压力特性，获得液压变压器的工作特性随工作参数的变化规律，从而可以在设计液压变压器的控制器时保证其工作在低波动区间。

（2）变压比调节范围问题

通过改变配流盘与斜盘之间的相对位置角能够实现对变压比的控制，变压比的变化范围将直接决定着液压变压器所能输出的压力范围。配流机构是决定液压变压器变压比的重要因素，需要其能够实现配流盘控制角的大范围调节，以及在旋转过程中没有节流损失。同时，由于变压比取决于转子的动态扭矩平衡，因此，对液压变压器变压比特性的研究需要在对配流盘与转子配流端面摩擦副受力特性研究的基础上，建立液压变压器的动力学模型。

（3）噪声问题

在液压变压器的工作过程中，柱塞旋转一周将经历三种压力变化，压力过渡区在配流盘上的位置随控制角的改变而变化，并且往往不与柱塞轴向运动的止点重合。因此，当柱塞在进入过渡区时将伴随着明显的轴向运动，从而造成柱塞容腔的剧烈膨胀与压缩。由于过渡区中柱塞腔的通流面积很小，因此柱塞腔内的瞬时压力将剧烈变化。瞬时压力的波动不仅会增大流体噪声，还将引起管路振动并加剧机械噪声的产生。因此，需要对液压变压器的结构进行改进与创新，从原理上降低液压变压器的波动，同时需要对减振结构进行研究。

(4) 控制问题

变压比与控制角之间存在明显的非线性关系，这给变压器的控制带来了极大的困难。研究结果表明，当液压变压器的控制角超过 1.75rad 以后，在相同工况下将导致输出流量急剧下降，从而带来动态响应慢和效率低的问题[90]，这也是由变压比非线性大造成的。

1.5
双转子构型液压变压器的提出及本书的主要内容

针对现有液压变压器结构存在的一系列问题，本书提出了一种具有双转子结构的液压变压器新构型，通过额外的转子能够突破缸体强度的限制，成倍地增加柱塞数量，从而能够缓解液压变压器的波动问题；提出了一种双端面配流的双转子配流方案，采用液压回转接头原理解决了传统配流盘转动型液压变压器中存在的节流问题，且所受轴向液压力能够相互抵消。除此之外，本书提出通过采用壳体支撑的方式改善转子的受力状态，通过调整双转子液压变压器的配流盘上三个配流窗口包角相对大小的方法，改善液压变压器的工作特性。

在内容上，本书首先介绍了液压变压器的特点和发展方向，并系统地归纳了近年来国内外对液压变压器及其应用的研究。针对目前液压变压器急需解决的关键问题，提出了"双转子"解决方案，建立了双转子液压变压器的理论模型、动力学模型及基于动网格的瞬态 CFD 模型。探讨了结构与工作参数对液压变压器工作特性的影响，旨在通过对液压变压器的理论与实验研究，为解决限制液压变压器性能提高的关键问题提供理论与技术支撑。具体内容如下。

（1）双转子液压变压器的理论模型及特性分析

提出一种具有双转子的液压变压器新构型，能够成倍地增加柱塞数量，从而能够解决三窗口液压变压器输出流量波动大的问题。双转子液压变压器是一种新型液压元件，因此对其理论特性进行研究非常必要，包括排量、流量以及变压比特性。首先，在阐明双转子液压变压器工作原理与特点的基础上，建立其排量模型，研究配流窗口包角与控制角对排量特性的影响。随后，建立双转子液压变压器的流量模型，并通过编写 C 程序进行仿真，探讨双转子液压变压器的瞬时流量特性随控制角、配流窗口包角以及柱塞数量的变化规律。最后，建立基于扭矩平衡的双转子液压变压器变压比模型，探讨 CPR 压力的改变对变压比特性的影响以及配流窗口不均布情况下的变压比特性。

（2）双转子构型液压变压器结构设计

提出一种适合"双转子"的转子支撑模式，以及双转子双端面配流机构。采用液压回转接头原理，通过对两侧转子的双端面联合配流，解决了传统配流盘转动型液压变压器中存在的节流问题。通过对配流盘与转子配流端面摩擦副受力特性的分析，得到转子的压紧力与压紧力矩模型，以及油膜的支撑力与支撑力矩模型。提出双转子构型差速变量式以及双转子多级变量式液压变压器，阐述了其变量调节机构的设计要点、结构原理以及特性。

（3）双转子液压变压器压力特性的研究

建立双转子液压变压器的压力转速模型，通过转子的动力学模型，计算柱塞所产生的瞬时扭矩、摩擦阻力矩以及转子瞬时角速度。通过流体模型求解排油压力以及柱塞腔内的瞬时压力。通过 1D 质量守恒方程与动量方程建立管路模型。通过对双转子液压变压器压力与转速的耦合计算，获得不同转速与控制角工况下液压变压器柱塞腔内瞬时压力特性、排油压力特性以及变压比特性。研究结构参数与工作参数改变后液压变压器压力特性的变化规律。

（4）基于动网格的液压变压器减压过渡特性研究

建立基于动网格的双转子液压变压器 CFD 模型。通过求解基于 Reynolds 平均法的两方程模型计算湍流黏度。通过求解 Mixture 多相流模型及质量转移控制方程计算各相的体积分数。通过在各离散时间与迭代周期内调用由 C 语言编写的用户自定义函数（UDF），实现对流体域网格形状与位置变化的控制，实现并行计算各计算节点之间的数据交互，并完成基于各场量的数值积分计算以及数据后处理。最后，对通过该模型获得的各瞬时的柱塞腔内压力、流速、体积分数等场量的分布进行分析，探讨转速与控制角对液压变压器工作特性的影响，并对减振槽尺寸进行参数化研究，旨在扩大液压变压器的工作范围，提高液压变压器的容积效率。

（5）液压变压器配流盘表面非光滑凹坑润滑承载特性研究

针对液压变压器配流盘摩擦副结构，采用高级三维建模软件建立配流盘与缸体两者之间的仿生非光滑表面凹坑流体域三维几何模型，模型精度为 0.00001mm；对流场进行数值仿真，使用后处理工具对计算收敛后的流场进行信息提取，从而通过分析仿生非光滑表面凹坑流场截面的速度场以及油膜表面的压力场，探讨仿生非光滑凹坑表面的润滑承载机理。在此基础上，进一步研究探讨不同形状、分布、油膜厚度对仿生非光滑表面凹坑承载能力的影响，指导高性能液压变压器配流副的设计。

（6）双转子构型液压变压器的实验研究

设计了双转子配流机构的实验样机以及相关实验装置，实现对配流机构环形配流槽密封性、配流机构摆动主轴泄漏流量以及扭矩的测量，验证双转子配流机构原理的正确性；设计并加工双转子液压变压器的实验样机，搭建实验台并设计高速数据采集系统，对双转子液压变压器减压过渡过程中的瞬时压力进行测量，研究不同工况下液压变压器的压力特性并对瞬时压力特性模型以及 CFD 模型进行验证。同时，从变压比特性、瞬时排油压力特性以及噪声特性等方面对"双转子"与"单转子"进行对比研究。

本书的研究成果来源于国家自然科学基金面上项目"基于多场耦合理论的高性能液压变压器工作机理研究"（项目批准号：51775131）以及河南省科技攻关计划项目"高压高速液压变压器仿生非光滑表面配流副设计关键技术研究"（项目批准号：

212102310095）。前期研究基础是国家自然科学基金面上项目"节能型静液传动混合动力系统的理论基础及相关技术研究"（项目批准号：50875054）与流体传动及控制国家重点实验室开放基金项目"静液传动混合动力系统关键技术研究"（项目批准号：GZKF-2008003）。

第 **2** 章

双转子液压变压器的理论模型及特性分析

　　由于在配流盘上额外加工的配流窗口将减少处于每个窗口范围内的柱塞数量，因此流量波动大一直都是液压变压器亟须解决的关键问题之一。为了解决这一问题，本书提出了一种具有双转子的液压变压器新构型，能够成倍地增加柱塞数量，从而能够解决三窗口液压变压器输出流量波动大的问题。然而，在以往的研究中，受柱塞数量少的限制，仅考虑了均布配流窗口这一特殊情况。当配流窗口的包角改变后，处于各窗口范围内的柱塞数也将相应变化，从而导致液压变压器工作特性的显著改变。除此之外，由于液压变压器的配流盘上有三个配流窗口，其特性与柱塞泵/马达完全不同，因此，对于双转子液压变压器这一新型液压元件进行系统性的理论研究是非常必要的。

　　在本章中，首先介绍双转子液压变压器的结构与特点；随后建立与双转子液压变压器的排量、流量以及变压比特性相关的具有物理意义的数学模型，并编写 C 程序进行仿真；最后针对这三种关键特性展开研究，探讨控制角、柱塞数以及配流窗口包角对液压变压器特性的瞬态量以及平均量的影响，旨在为解决三窗口液压变压器波动大这一关键问题提供理论支持。

2.1
双转子液压变压器的结构和特点

　　本书提出了一种具有双转子结构的液压变压器新构型，如图 2-1 所示。在双转子液压变压器中，配流盘位于中间，其两侧各有一个转子，两转子中的柱塞相互交错并在配流盘上均匀分布，如图 2-1(a) 所示。在工作过程中，两转子通过中心轴连接，能够同步转动。通过额外的转子能够突破缸体强度的限制，成倍增加处于各配流窗口范围内柱塞的数量，从而能够缓解三窗口液压变压器波动大的问题。

　　柱塞数量增多后，可通过改变各配流窗口包角（α_A、α_B 以及 α_T）的相对大小以获得不同的工作特性，如图 2-1(b) 所示。因此，接下来建立相比于传统均布模型更具一般性的液压变压器理论模型，探讨配流窗口包角、柱塞数等结构参数以及控制角、CPR 压力等工作参数对液压变压器特性的影响，以扩展现有研究中对配流窗口包角以及柱塞数影响研究的不足。

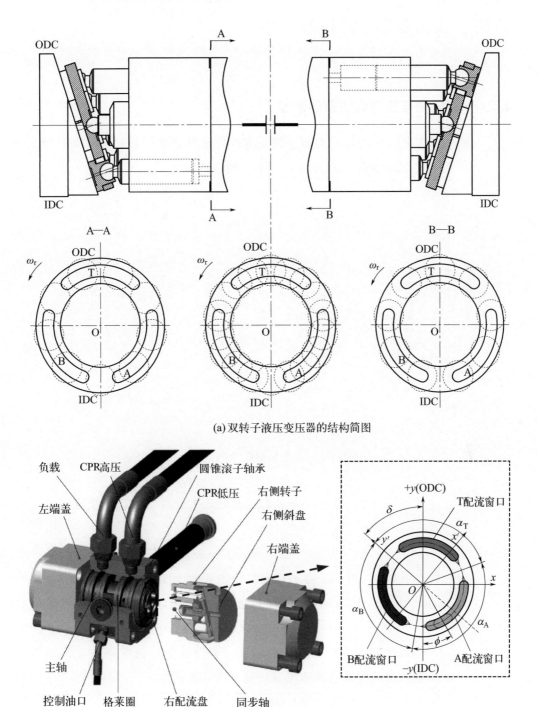

(a) 双转子液压变压器的结构简图

(b) 双转子液压变压器的3D模型

图 2-1　双转子液压变压器的构成和结构

2.2

双转子液压变压器的排量特性

2.2.1　液压变压器排量的数学模型

如图 2-2 所示，均布于转子内的柱塞的运动可分解为随转子组件绕中心轴的旋转运动与沿转子中心轴方向的直线运动。

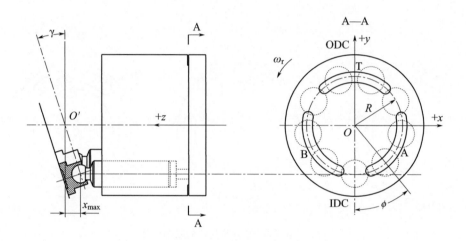

图 2-2　柱塞相对转子的运动

根据图 2-2，角位移为 ϕ 的柱塞的球头，其 x 方向的坐标可以表示为

$$x = R\tan\gamma\cos\phi \tag{2-1}$$

由式(2-1)可得柱塞 x 方向位移在 $\phi=0$ 时达到最大值，即 $x_{\max}=R\tan\gamma$。因此，柱塞球头相对柱塞腔的位移 s 可以表示为

$$s = x_{\max} - x = R(1-\cos\phi)\tan\gamma \tag{2-2}$$

当柱塞随转子转动一定角度后，假设柱塞的位置角由 ϕ 转动至 ϕ'，则柱塞腔内的油液体积变化量 ΔV 可表示为

$$\Delta V = S_{A}R\tan\gamma(\cos\phi - \cos\phi') \tag{2-3}$$

$$S_{A} = \frac{\pi d_{p}^{2}}{4}$$

式中 S_A——柱塞腔截面积，m^2；

      d_p——柱塞直径，m。

假设当柱塞刚刚旋转进入配流盘上的 A、B 和 T 配流口时，柱塞的旋转角位移分别为 ϕ_A、ϕ_B 与 ϕ_T，如图 2-3 所示。此时，ϕ_A、ϕ_B 与 ϕ_T 可表达为

$$\begin{cases} \phi_A = \dfrac{\alpha_A}{2} + \delta \\[2mm] \phi_T = \alpha_T + \dfrac{\alpha_A}{2} + \delta \\[2mm] \phi_B = \alpha_B + \alpha_T + \dfrac{\alpha_A}{2} + \delta \end{cases} \tag{2-4}$$

式中 $\alpha_A, \alpha_T, \alpha_B$——配流盘上的 A、T 和 B 配流窗口的包角，(°)；

      δ——配流盘控制角，(°)。

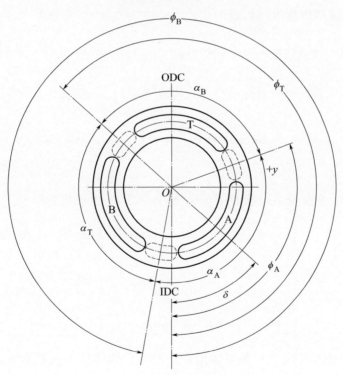

图 2-3 柱塞的旋转角位移

配流窗口的包角在大小上应满足以下条件。

$$\begin{cases} \alpha_A + \alpha_B + \alpha_T = 360° \\ \alpha_i > 0°, i = A, B, T \end{cases} \tag{2-5}$$

在柱塞旋转一周的过程中，将依次经过位置角 ϕ_A、ϕ_B 与 ϕ_T。其中，由 ϕ_A 转动至 ϕ_T 过程中所有柱塞所排出的油液的体积和即为 T 口的排量 V_{gT}，可表达为

$$V_{gT}=S_A Rz\tan\gamma(\cos\phi_A-\cos\phi_T) \tag{2-6}$$

式中　z——柱塞数。

由 ϕ_T 转动至 ϕ_B 的过程中，所有柱塞排出的油液的体积和即为 B 口的排量 V_{gB}，可表达为

$$V_{gB}=S_A Rz\tan\gamma(\cos\phi_T-\cos\phi_B) \tag{2-7}$$

由 ϕ_B 转动至 ϕ_A 过程中，所有柱塞所排出的油液的体积和即为 A 口的排量 V_{gA}，可表达为

$$V_{gA}=S_A Rz\tan\gamma(\cos\phi_B-\cos\phi_A) \tag{2-8}$$

将式(2-4)分别代入式(2-6)～式(2-8)，即可得液压变压器各配流窗口排量的一般表达式。

$$\begin{cases} V_{gA}=S_A Rz\tan\gamma\left[\cos\left(\alpha_B+\alpha_T+\dfrac{\alpha_A}{2}+\delta\right)-\cos\left(\dfrac{\alpha_A}{2}+\delta\right)\right] \\ V_{gB}=S_A Rz\tan\gamma\left[\cos\left(\alpha_T+\dfrac{\alpha_A}{2}+\delta\right)-\cos\left(\alpha_B+\alpha_T+\dfrac{\alpha_A}{2}+\delta\right)\right] \\ V_{gT}=S_A Rz\tan\gamma\left[\cos\left(\dfrac{\alpha_A}{2}+\delta\right)-\cos\left(\alpha_T+\dfrac{\alpha_A}{2}+\delta\right)\right] \end{cases} \tag{2-9}$$

在配流窗口均布的情况下，式(2-9)可简化为：

$$\begin{cases} V_{gA}=2S_A Rz\tan\gamma\sin\left(\dfrac{\alpha_A}{2}\right)\sin(\delta) \\ V_{gB}=2S_A Rz\tan\gamma\sin\left(\dfrac{\alpha_A}{2}\right)\sin\left(\dfrac{4\pi}{3}+\delta\right) \\ V_{gT}=2S_A Rz\tan\gamma\sin\left(\dfrac{\alpha_A}{2}\right)\sin\left(\dfrac{2\pi}{3}+\delta\right) \end{cases} \tag{2-10}$$

由式(2-10)可以看出，各配流口的排量为控制角 δ 的函数，三个配流口排量表达式的相位差依次为120°，与配流口均布的特点相符，验证了该公式推导的正确性。由式(2-9)可以看出，当配流口不均布时，排量表达式的相位差将随之改变，进而将改变液压变压器的排量特性。而式(2-10)仅为式(2-9)的一种特殊情况，即 $\alpha_A=\alpha_B=\alpha_T=120°$。

2.2.2　配流窗口均布时液压变压器的排量特性

首先对配流口均布时的情况进行分析。图 2-4 所示为由式(2-10)所得控制角与无量纲排量系数的关系曲线。

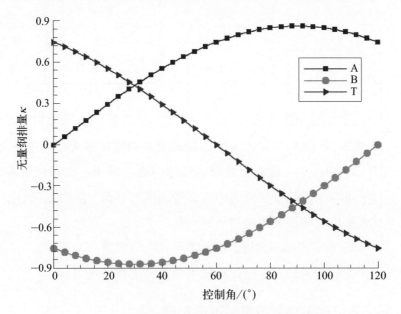

图 2-4　控制角与无量纲排量系数的关系曲线

以 A 配流窗口为例,定义无量纲排量系数定义为

$$\kappa = \frac{V_{gA}}{2S_A z \tan\gamma} \tag{2-11}$$

从图 2-4 中可以看出配流窗口均布时,各窗口的排量特性有如下特点。

① 当 $\delta = 0°$ 时,A 配流窗口所对应的排量 $V_{gA} = 0$,此时由 B 配流窗口排出的油液全部由 T 配流窗口吸入,而 A 配流窗口既不从 CPR 高压侧吸油也不排油;当 $\delta = 30°$ 时,A 与 T 配流窗口所对应的排量相等,且其绝对值是 B 配流窗口的一半;当 $\delta = 60°$ 时,T 配流窗口的排量 $V_{gT} = 0$,此时由 A 配流窗口流入的油液体积全部由 B 窗口排出;当 $\delta = 90°$ 时,B 与 T 配流窗口所对应的排量相等,且其绝对值是 A 配流窗口排量的一半;当 $\delta = 120°$ 时,B 配流窗口所对应的排量 $V_{gA} = 0$,此时,由 A 配流窗口吸入的油液全部由 T 窗口排出,

液压变压器对负载不起作用。液压变压器各配流窗口的工作状态如表 2-1 所示。

表 2-1 液压变压器各配流口的工作状态

控制角 δ/(°)	A 配流口状态	B 配流口状态	T 配流口状态
$0 \leqslant \delta < 60$	吸油	排油	吸油
$\delta = 60$	吸油	排油	不作用
$60 < \delta \leqslant 120$	吸油	排油	排油

② 在控制角 $\delta \in [0°, 90°)$ 时，V_{gA} 随控制角 δ 的增加而增大，在控制角 $\delta \in (90°, 120°]$ 时，V_{gA} 随控制角的增加而减小；在控制角 $\delta \in [0°, 30°)$ 时，V_{gB} 随着控制角的增加而逐渐减小，在控制角 $\delta \in (30°, 120°]$ 时，V_{gB} 随控制角的增加而逐渐增大；而 V_{gT} 则在整个控制角变化范围内均随控制角的增加而降低。

③ 相比于 A 与 B 配流窗口所对应的排量 V_{gA} 和 V_{gB}，T 配流窗口所对应的排量 V_{gT} 随控制角 δ 变化时的线性度更高。

2.2.3 配流窗口的包角对排量特性的影响

配流窗口包角的改变将对柱塞在各窗口的分布造成影响。接下来针对配流窗口的包角大小对排量特性的影响展开研究。

如图 2-5 所示为配流窗口包角改变后，A 配流窗口的无量纲排量系数曲线。为便于对比，不同包角时的配流盘控制角 δ 皆由 0° 增加 120°。由图 2-5(a) 可以看出，随着 A 配流窗口包角 α_A 的增加，A 配流窗口的排量逐渐增大。排量系数由 80° 时的 0.6 左右增加至 160° 时的接近 1，而排量系数 κ 的增量却随 α_A 的增加而逐渐减小。这是由于随着 α_A 的增大，经过 A 口的柱塞位置角将靠近斜盘止点，造成柱塞轴向运动距离的减小，因此排量的增加趋势将会减小。如图 2-5(b) 与图 2-5(c) 所示分别为不同 α_B 与 α_T 时 A 配流窗口的排量系数 κ 随控制角 δ 的变化情况。可以看出，随着 α_B 与 α_T 的增大，A 配流窗口的排量将逐渐降低。由式(2-5) 可知，这是由于在 α_B 与 α_T 增大后 A 配流窗口包角 α_A 相对减小造成的。如图 2-5(d) 所示为在三个配流窗口包角都不相同的两种特殊情况下，A 配流窗口排量系数随 δ

的变化曲线。可以看出当 $\alpha_A = 180°$ 时，A 配流窗口的排量系数在 $\delta = 90°$ 时达到 1，然而当 $\alpha_A = 60°$ 时，A 配流窗口的排量在 $\delta = 90°$ 时仅为 0.5。因此，增大 A 配流窗口的包角 α_A 能够达到增大 A 配流窗口排量的目的。

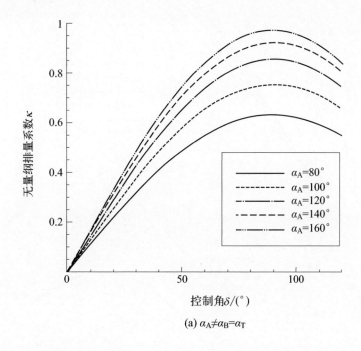

(a) $\alpha_A \neq \alpha_B = \alpha_T$

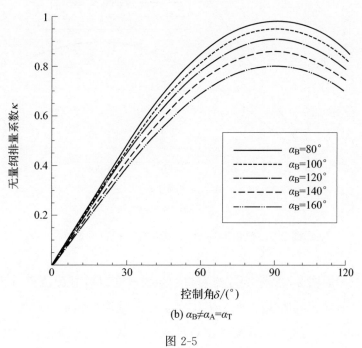

(b) $\alpha_B \neq \alpha_A = \alpha_T$

图 2-5

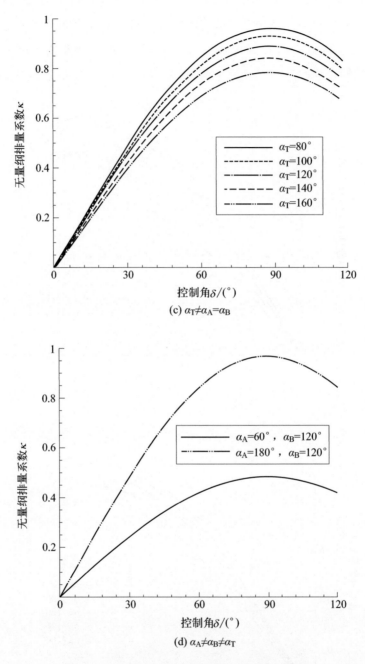

图 2-5　包角大小对 A 配流窗口排量的影响

　　如图 2-6 所示为配流窗口的包角改变以后 B 配流窗口的排量系数随 δ 变化的曲线。可以看出，与 A 配流窗口相似，随着 B 配流窗口包角 α_B 的增加，B 配流窗口的排量系数的绝对值也随之增大。不同包角情况下的 B 配流窗口排量系数曲线之间存在着相位差。这是由于控制角 δ 的零点为 A 配流窗口的中心位置，当配流窗口包角改变后，ϕ_A、ϕ_B 与 ϕ_T 的位置也将随之改变，因此将产生相应的排量曲线的相位偏移，与图 2-6 中仿真结果一致。

如图 2-7 所示为配流窗口包角改变后 T 配流窗口的排量系数随 δ 变化的曲线。可以看出与图 2-5 和图 2-6 不同，T 配流窗口排量在控制角 δ 较小时为正，即油液将进入 T 口，而当控制角 δ 超过一定值后 T 配流窗口排量将变为负值，即油液从 T 口排出。由图 2-7(a) 可

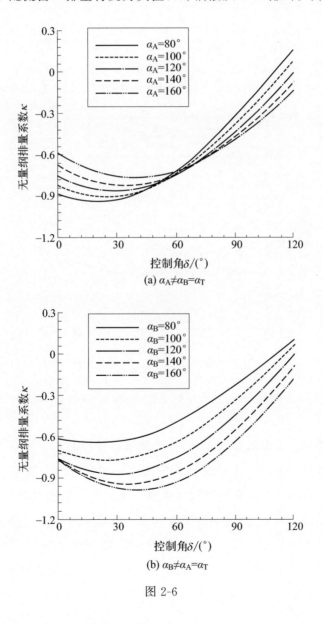

(a) $\alpha_A \neq \alpha_B = \alpha_T$

(b) $\alpha_B \neq \alpha_A = \alpha_T$

图 2-6

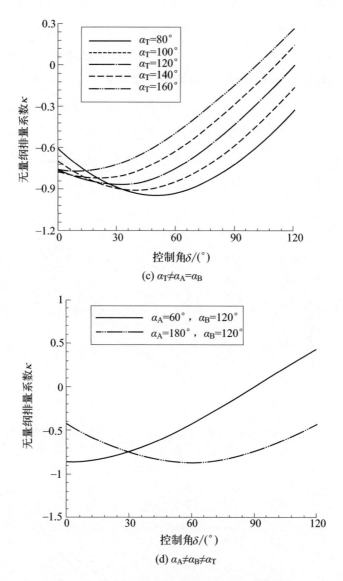

图 2-6　包角大小对 B 配流窗口排量的影响

以看出，A 配流窗口包角 α_A 的增加将使控制角 δ 靠近 0° 时排量系数产生显著下降。这是由于 A 配流窗口包角的增大使得 T 配流窗口趋近斜盘的止点，从而导致柱塞轴向运动距离减少造成的。同理，B 配流窗口包角 α_B 的增加将使控制角 δ 靠近 120° 时排量系数的绝对值产生显著下降，如图 2-7(b) 所示。随着 T 配流窗口包角 α_T 的增加，如图 2-7(c) 所示，T 配流窗口所能达到的正排量的最大值升高，而负排量的最小值降低。图 2-7(d) 所示为配流窗口不相等的两种特殊情况，可以看出当 α_T 较小时，曲线变化趋势更加平缓，所能达到的正、负排量的极限范围也更小。

由以上分析可以看出，配流窗口包角的改变将直接影响控制角变化过程中各配流窗口所对应的排量大小，增大配流窗口的包角能够提高相应窗口的排量值。除此之外，排量-控制角变化曲线的相位角也将受到各窗口包角大小的影响，相位角的改变将直接影响到液压变压器的变压比特性，变压比特性将在本章 2.5 节研究。通过排量模型可获得不同工况下液压变压器各配流窗口的平均流量。下面研究液压变压器各窗口的瞬时流量特性。

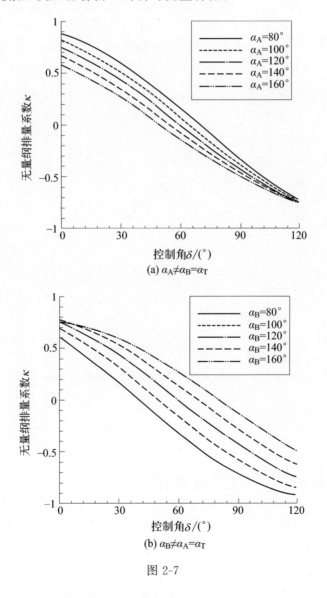

图 2-7

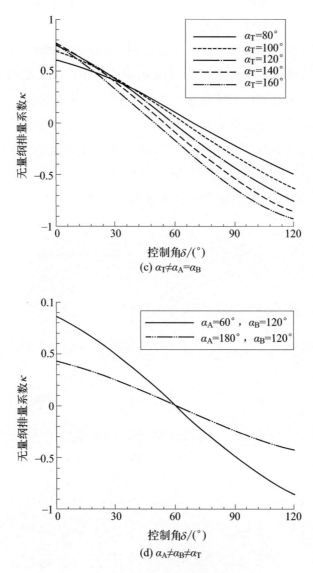

图 2-7　包角大小对 T 配流窗口排量的影响

2.3
双转子液压变压器的瞬时流量特性

　　液压变压器各窗口的瞬时流量特性不仅取决于柱塞的瞬时分布位置，还与控制角 δ 及配流窗口包角有关。接下来根据双转子液压变压器的特点，建立瞬时流量的数学模型，并通过编写 C 程序求解。研究柱塞数量、配流窗口包角、控制角等参数对瞬时流量的影响，以期为解决液压变压器波动大这一关键问题供理论支持。

2.3.1　液压变压器瞬时流量的数学模型

双转子液压变压器的柱塞沿配流盘圆周均匀分布。以位于 A 配流窗口中间的位置的柱塞为起始点对 18 个柱塞进行编号，如图 2-8 所示。当配流盘控制角 $\delta=0°$ 时，1 号柱塞处于柱塞运动轨迹的内止点（IDC）处。接下来以此时的瞬时流量为一个完整的流量波动周期起始点展开介绍。

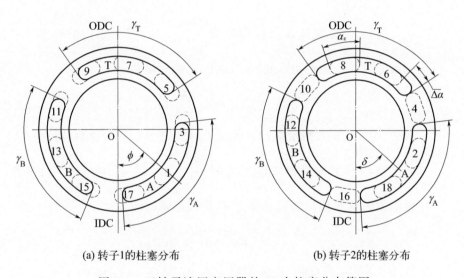

(a) 转子1的柱塞分布　　　　　　　(b) 转子2的柱塞分布

图 2-8　双转子液压变压器的 18 个柱塞分布简图

在图 2-8 中，α 表示相邻两柱塞的中心夹角（°），其决定着柱塞旋转运动的周期且 $\alpha=360°/z$；α_z 表示柱塞所对应的包角；$\Delta\alpha$ 代表相邻两柱塞的最小夹角（°），其满足关系 $\Delta\alpha=\alpha-\alpha_z$，$\gamma_A$ 为配流盘上的 A 配流槽夹角，$\alpha_A=\gamma_A+\alpha_z$；$\gamma_B$ 为配流盘上的 B 配流槽夹角，$\alpha_B=\gamma_B+\alpha_z$；$\gamma_T$ 为配流盘上的 T 配流槽夹角，$\alpha_T=\gamma_T+\alpha_z$。

根据液压变压器的几何结构可知，角位移为 ϕ 的柱塞的瞬时直线速度为

$$v_t=\frac{\mathrm{d}s}{\mathrm{d}t}=\frac{\mathrm{d}[R(1-\cos\phi)\tan\gamma]}{\mathrm{d}t}=R\omega_r\tan\gamma\sin\phi \qquad (2\text{-}12)$$

因此，当柱塞 1 的角位移为 ϕ 时，其瞬时流量可表示为

$$q_{t_1} = S_A v_{t_1} = S_A R \omega_r \tan\gamma \sin\phi_1 = S_A R \omega_r \tan\gamma \sin\phi \qquad (2\text{-}13)$$

此时，第 i 个柱塞角位移为 $\phi + i\alpha$，因此其瞬时流量可以表示为

$$q_{t_i} = S_A v_{t_i} = S_A R \omega_r \tan\gamma \sin\phi_i = S_A R \omega_r \tan\gamma \sin(\phi + i\alpha) \qquad (2\text{-}14)$$

式中　v_{t_i}——第 i 个柱塞的瞬时轴向运动速度，其中 $i = 1,\ 2,$
$\cdots,\ z$；

　　　ϕ_i——第 i 个柱塞的角位移，(°)，$\phi_i \in [0,360°]$。

在获得了单个柱塞所产生的瞬时流量以后，接下来首先研究 $\delta = 0°$ 时各配流窗口的瞬时流量特性。当以 A 配流窗口中心位于下止点时配流盘的位置角为 0 点时，δ 的变化范围为 $\left[0,\dfrac{\alpha_A}{2}+\dfrac{\alpha_B}{2}\right]$。

将位于 A 配流窗口包角范围 $\left[-\dfrac{\alpha_A}{2}+\delta,\dfrac{\alpha_A}{2}+\delta\right)$ 内的柱塞所产生的瞬时流量叠加即可获得 A 口的理论瞬时流量。

$$q_A = S_A R \omega_r \tan\gamma \sum_{i=1}^{z} \sin(\phi_i A_t) \qquad (2\text{-}15)$$

式中　A_t——为判定系数，若 $\phi_i \in A$，则 $A_t = 1$；否则 $A_t = 0$。

将位于 T 配流窗口包角范围 $\left[\dfrac{\alpha_A}{2}+\delta,\dfrac{\alpha_A}{2}+\alpha_T+\delta\right)$ 内的柱塞所产生的瞬时流量叠加即可获得 T 口的理论瞬时流量。

$$q_T = S_A R \omega_r \tan\gamma \sum_{i=1}^{z} \sin(\phi_i T_t) \qquad (2\text{-}16)$$

式中　T_t——为判定系数，若 $\phi_i \in T$，则 $T_t = 1$；否则 $T_t = 0$。

B 配流窗口包角的范围在配流盘控制角 δ 满足 $0 \leqslant \delta \leqslant \dfrac{\alpha_A}{2}$ 时，为 $\left[\dfrac{\alpha_A}{2}+\alpha_T+\delta,\dfrac{\alpha_A}{2}+\alpha_T+\alpha_B+\delta\right]$；在配流盘控制角 δ 满足 $\dfrac{\alpha_A}{2}<\delta \leqslant \dfrac{\alpha_A}{2}+\dfrac{\alpha_B}{2}$ 时，B 配流窗口的包角范围区间分别为 $\left[\dfrac{\alpha_A}{2}+\alpha_T+\delta,2\pi\right]$ 与 $\left[0,\dfrac{\alpha_A}{2}+\alpha_T+\alpha_B+\delta-2\pi\right]$。将位于 B 配流窗口范围内的柱塞所产生的瞬时流量叠加即可获得 B 配流窗口的理论瞬时流量。

$$q_B = S_A R \omega_r \tan\gamma \sum_{i=1}^{z} \sin(\phi_i B_t) \qquad (2\text{-}17)$$

式中　B_t——为判定系数，若 $\phi_i \in B$，则 $B_t=1$；否则 $B_t=0$。

式(2-15)～式(2-17)即为液压变压器各配流口瞬时流量的一般表达式。当三个配流窗口的包角相等时，即 $\alpha_A=\alpha_B=\alpha_T$ 时，瞬时流量可表示为

$$\begin{cases} q_A = S_A R \omega_r (2\cos\alpha+1)\tan\gamma \sin(\delta+\phi') \\ q_T = S_A R \omega_r (2\cos\alpha+1)\tan\gamma \sin\left(\delta+\phi'+2\dfrac{\pi}{3}\right) \\ q_B = S_A R \omega_r (2\cos\alpha+1)\tan\gamma \sin\left(\delta+\phi'+4\dfrac{\pi}{3}\right) \end{cases} \tag{2-18}$$

当柱塞位置角 $\delta \leqslant \phi \leqslant \dfrac{\gamma_A}{2}+\dfrac{\alpha_z}{2}-\alpha+\delta$ 时，编号为 1～4 和 17～18 的柱塞处于配流盘 A 口范围内，编号为 5～10 的柱塞与配流盘 T 口连通，编号为 11～16 的柱塞处于配流盘 B 范围内。此时，ϕ' 的值可表达为

$$\phi'=\phi \tag{2-19}$$

当柱塞位置角 $\dfrac{\gamma_A}{2}+\dfrac{\alpha_z}{2}-\alpha+\delta < \phi \leqslant \alpha+\delta$ 时，编号为 1～2 和 15～18 的柱塞处于配流盘 A 口范围内，编号为 3～8 的柱塞与配流盘 T 口连通，编号为 9～14 的柱塞处于配流盘 B 范围内。此时，ϕ' 的值可表达为

$$\phi'=\phi-\alpha \tag{2-20}$$

在控制角为 0°、转速为 1000r/min 工况下，代入参数 $z=18$、$d_p=17\text{mm}$、$R=32\text{mm}$、$\gamma=17°$，可得均布情况下的 A、B 与 T 配流窗口的瞬时流量曲线，如图 2-9 所示。

可以看出，随着柱塞的转动，三个配流窗口的瞬时流量呈周期变化。由于 $\delta=0°$ 时，A 配流窗口自身关于内、外止点的连线对称，当柱塞进入 A 配流窗口范围时将先排油，经过下止点后转而吸油，因此 A 口瞬时流量由周期开始的负最小值逐渐增大至正最大值。柱塞转动经过 T 配流窗口时，全程吸入油液，因此 T 口的流量为正。柱塞旋转经过 B 配流窗口时，柱塞被斜盘压入，全程排出油液，因此 B 口流量为负。除此之外还可以看出，T 与 B 配流窗口的瞬时流量关于点（0,10）对称。分析可知，这是由于 $\delta=0°$ 时，T 配流窗口与 B 配流窗口关于斜盘内、外止点连线对称造成的。

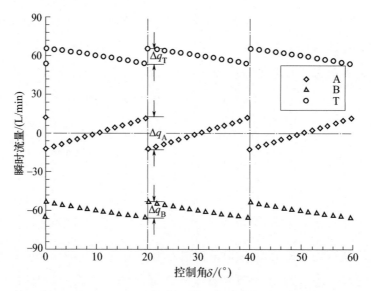

图 2-9 $\delta=0°$ 时 A、B 与 T 配流窗口的瞬时流量曲线

2.3.2 控制角对瞬时流量特性的影响

通过编写 C 程序，求解式(2-15)~式(2-17)，可以获得在 δ 由 $0°$ 增加至 $120°$ 的过程中瞬时流量随控制角 δ 以及柱塞位置角 ϕ 的变化特性。如图 2-10 所示为柱塞数量为 18 且配流窗口均布时，δ 由 $0°$ 变化至 $120°$ 以及转子由 $0°$ 旋转至 $60°$ 过程中液压变压器各配流窗口的瞬时流量特性。

由于两柱塞之间的夹角为 $20°$，因此 $60°$ 的转子旋转角足以完整地展示瞬时流量的三个波动周期。由图 2-10(a) 可以看出，当控制角 δ 逐渐增大时，A 口的流量首先随 δ 的增大而逐渐增大，直至 δ 增加至 $90°$ 以后，A 配流窗口的流量开始出现下降的趋势。由图 2-10 (b) 可以看出，B 配流窗口的流量与 A 配流窗口正好相反，先降低随后快速增大。而 T 配流窗口的流量则随控制角的增加而持续增大，如图 2-10(c) 所示。转子旋转 $60°$ 后，瞬时流量出现三个周期的变化。这是由于两个相邻柱塞夹角为 $20°$，均布的配流窗口能够使得任意时刻下处于各窗口范围内的柱塞数量都保持恒定。瞬时流量的波动幅值随控制角的变化而改变，A 配流窗口的瞬时流量在 $\delta=0°$ 附近波动幅值较大。B 配流窗口的瞬时流量波动幅值的最大值现在 $\delta=$

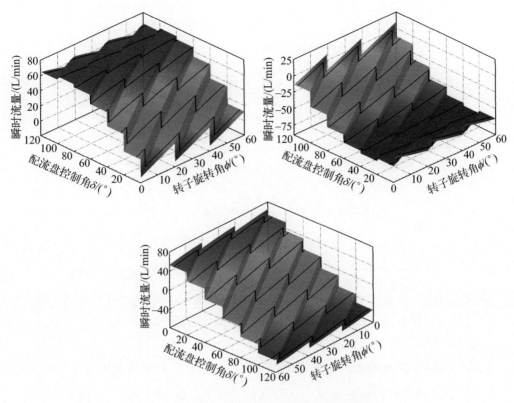

图 2-10　配流窗口均布时的瞬时流量特性

120°附近。而 T 配流窗口的瞬时流量波动幅值在 $\delta=60°$ 附近达到最大值。由图 2-10 还可以看出，液压变压器各配流窗口的瞬时流量是周期性变化的，且每个变化周期开始时的瞬时流量值与周期结束时的瞬时流量值都不相等。流量的波动能够通过流量波动率 σ 来定量的考察。σ 可表示为一个周期内最大瞬时流量与最小瞬时流量的差与平均流量的比值。

$$\sigma = \frac{q_{max} - q_{min}}{q_{mean}} \qquad (2\text{-}21)$$

如图 2-11 所示为柱塞数 $z=18$，配流窗口均布时，图 2-10 中配流盘控制角 δ 由 0°转动至 120°的过程中 A、B 与 T 配流窗口的瞬时流量波动率。

可以看出，A 配流窗口的瞬时流量波动率在控制角接近 0°时很大，控制角小于 8°时 σ 甚至超过了 300%。随着控制角 δ 的增加，σ 迅速降低，在 90°时达到最小值。A 配流窗口的瞬时流量波动率在

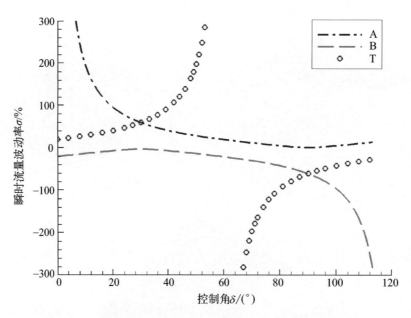

图 2-11　配流窗口均布时 A、B 与 T 口的瞬时流量波动率

$\delta=0°$ 附近的急剧增大可由图 2-10(a) 解释。可以看出当 $\delta=0°$ 时，A 配流窗口的瞬时流量在 0 刻度线上下波动，由于此时 A 配流窗口的平均流量很小，将导致瞬时流量波动率的分子接近 0，从而造成 σ 的急剧增大。由于 B 配流窗口排出油液，因此波动率为负，其瞬时流量波动率与 A 口的瞬时流量波动率关于点 $(60,0)$ 对称。B 配流窗口 σ 绝对值的最大值出现在 $\delta=120°$ 附近。T 配流窗口流量波动率在 $\delta=60°$ 附近急剧增加。当 $\delta<60°$ 时 T 配流窗口吸入油液，因此此时 σ 为正值，并随控制角的增加而增大。当 $\delta=60°$ 时，一个周期内 T 口吸入的油液与排出的油液相等，如图 2-10(c) 所示，因此 T 配流窗口的波动率 σ 在接近 60° 时将会很大。当 $\delta>60°$ 时，波动率 σ 则随控制角 δ 的增加而迅速降低至 100% 以下。

2.3.3　配流窗口的包角对瞬时流量特性的影响

配流窗口包角的范围将直接影响柱塞的分布，从而影响液压变压器瞬时流量特性。接下来研究 A 与 B 配流窗口的包角 $\alpha_{A/B}$ 在同步增大与减小过程中，对各窗口瞬时流量特性的影响。如图 2-12 所示为柱塞数为 18，A 与 B 窗口的包角 $\alpha_{A/B}$ 减小至 90° 时，转子由 0° 旋转至 60°过程中液压变压器各配流窗口的瞬时流量特性。

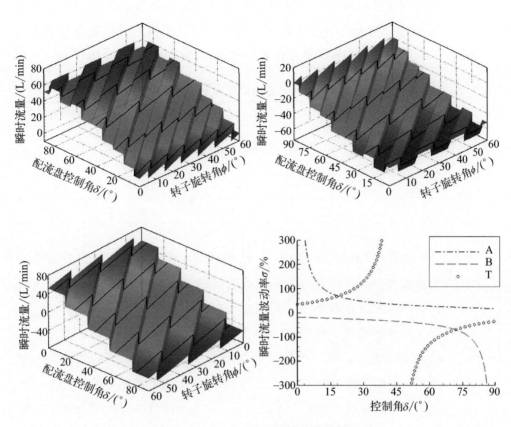

图 2-12　$\alpha_{A/B}=90°$时的瞬时流量特性

当配流窗口包角改变后，δ 的变化范围将变为 $\left[0,\dfrac{\alpha_A}{2}+\dfrac{\alpha_B}{2}\right]$。因此，如图 2-12（a）~（c）所示，在 $\alpha_{A/B}=90°$时 δ 的变化范围为[0°，90°]。相比于图 2-10，很明显可以看出，包角 $\alpha_{A/B}$ 减小后 A 配流窗口与 B 配流窗口的最大瞬时流量值由 120°时的 80L/min 左右降低至不到 70L/min。与此相反，T 配流窗口的瞬时流量则相对 120°时有所增加。除此之外，还可以看出 A 与 B 配流窗口的瞬时流量曲线在 $\alpha_{A/B}=90°$时出现了额外的波动，且瞬时流量波动的峰值不同。而120°包角时这一现象没有出现。这是由于在配流窗口范围内工作的柱塞数分布不均，导致柱塞数周期性增加或减少。表 2-2 所示为处于各配流窗口范围内柱塞数量的变化情况。可以看出，当 $\alpha_{A/B}=120°$，即均布情况时，工作在各配流口范围内的柱塞数总是恒定的 6 个。当

包角 $\alpha_{A/B}$ 减小至 90°以后，A/B 窗口范围内的柱塞数将在 5 个与 4 个之间周期性切换，T 配流窗口范围内的柱塞数为恒定的 9 个。而当包角 $\alpha_{A/B}$ 增大至 150°以后，A/B 配流窗口范围内的柱塞数量将在 8 个与 7 个之间切换，T 配流窗口范围内的柱塞数为恒定的 3 个。

表 2-2　处于各配流窗口范围内柱塞数量的变化情况

$\alpha_{A/B}/(°)$	A/B 配流窗口范围内的柱塞数量/个		T 配流窗口范围内的柱塞数量/个	
	最多	最少	最多	最少
90	5	4	9	9
120	6	6	6	6
150	8	7	3	3

如图 2-12(d) 所示为 $\alpha_{A/B}$ 减小后液压变压器各配流窗口的瞬时流量波动率。可以看出，A 配流窗口的瞬时流量波动率 σ 随着控制角 δ 的增大而逐渐降低，下降速度在 $\delta < 15°$ 时非常快，当 $\delta > 20°$ 以后 σ 基本呈线性下降趋势。值得注意的是 A 配流窗口的 σ 值在接近 $\delta = 0°$ 时非常大，这一现象可通过图 2-12(a) 解释。可以看出，A 配流窗口的瞬时流量在 $\delta = 0°$ 时在 0L/min 附近上下波动，根据式(2-21)，正是分子项的减小造成了 A 配流窗口在 $\delta = 0°$ 时瞬时流量波动率的急剧增加。由于 A 配流窗口与 B 配流窗口具有对称性，因此 B 配流窗口 σ 值的变化趋势与 A 配流窗口亦对称，且其将在 δ 接近 90°时趋于负无穷大。T 配流窗口的瞬时流量波动率 σ 分为两段，在 $\delta \in (0°, 45°)$ 时 σ 迅速增加并在接近 45°控制角时趋于正无穷大；在 $\delta \in [45°, 90°)$ 时 σ 则由 $\delta = 45°$ 时的负无穷大迅速增大至 $\delta = 90°$ 时的 -34.8%。

如图 2-13 所示为柱塞数为 18，$\alpha_{A/B}$ 增大至 150°时，转子由 0°旋转至 60°的过程中液压变压器各配流窗口的瞬时流量特性。此时，控制角 δ 的变化范围为 $[0°, 150°]$。相比于图 2-10 与图 2-12 可以看出，$\alpha_{A/B}$ 增大后 A 与 B 配流窗口的最大瞬时流量明显增加，而 T 配流窗口的最大瞬时流量则相对减小。这是由于同时工作在 A 与 B 配流窗口范围内的柱塞数量增加造成的。除此之外还可以看出，与 $\alpha_{A/B} = 90°$时相似，A 与 B 配流窗口的瞬时流量曲线同样出现了额外的峰值不同的波动。这是由于柱塞数周期性变化引起的，可通过表 2-2 解释。由图 2-13(d) 可以看出 $\alpha_{A/B}$ 增大至 150°后各配流窗口的流量波

动率 σ 明显减小。

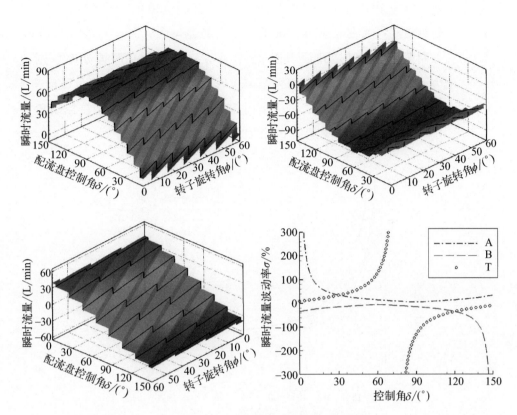

图 2-13　$\alpha_{A/B} = 150°$时的瞬时流量特性

对比图 2-10(c) 与图 2-13(c) 可以看出，$\alpha_{A/B}$ 增大后 T 配流窗口的流量出现显著降低；对比图 2-10(c) 与图 2-12(c) 可以看出，$\alpha_{A/B}$ 减小后，T 配流窗口的瞬时流量并没有出现明显的变化。这一现象可通过式(2-16) 与式(2-5) 解释。由式(2-5) 可知，当 $\alpha_{A/B}$ 扩大后 T 口的包角将会相应减小，而 $\alpha_{A/B}$ 减小后 T 配流窗口的包角则会相应增大。然而，虽然 $\alpha_{A/B}$ 的减小增加了处于 T 配流窗口范围内的工作柱塞数量，但同样限制了控制角 δ 的变化范围，进而影响了柱塞的轴向运动距离。在两者因素的影响下，T 配流窗口的流量并没有简单地随所对应包角的增大而成比例增加。

如图 2-14 与图 2-15 所示为 $\alpha_{A/B}$ 分别为 90°、120°与 150°时 A 与 T 配流窗口的瞬时流量波动率曲线的变化趋势。由于 B 配流窗口的与 A 配流窗口具有对称性，因此 B 配流窗口的 σ 值变化曲线这里不再赘述。由图 2-14 可以看出，当 $\alpha_{A/B}=90°$时，σ在$\delta=0°$时达到最小值 20%，在δ接近 90°时则急剧增加；$\alpha_{A/B}=120°$时，σ在控制$\delta=30°$附近较小，而在控制角δ接近 120°时急剧增大；$\alpha_{A/B}=150°$时，σ在控制角$\delta=60°$时达到最小值 3%，而在δ接近 150°时波动率急剧增大。总而言之，当$\alpha_{A/B}$增大至150°后，A 配流窗的瞬时流量波动率σ能够在较大的控制角变化范围内保持在 50%以内，且仅在控制角大于 135°以后σ才出现急剧的增加。

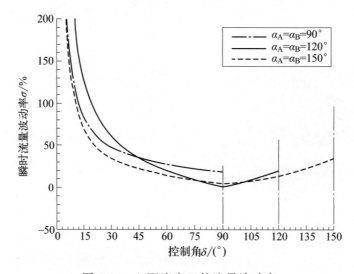

图 2-14　A 配流窗口的流量波动率

如图 2-15 所示为$\alpha_{A/B}$分别为 90°、120°与 150°时 T 配流窗口的流量波动率随控制角的变化曲线。

可以看出，在三种$\alpha_{A/B}$的情况下，波动率σ都在控制角δ接近 0°与变化范围的最大值附近达到最小值。在$\alpha_{A/B}=90°$时，波动率σ在$\delta=45°$附近时急剧增加并趋于无穷大，随δ的进一步增大，波动率σ改变了符号。这是由于δ小于 45°时 T 配流窗口吸入油液，而当δ大于 0°时 T 配流窗口排出油液造成的，因此σ在经过 45°时将由正无穷大变为负无穷大。同理，$\alpha_{A/B}=120°$与 150°时 T 配流窗口的平均流量分别在 60°与 75°时等于 0，从而导致波动率分别在经过 60°与 75°时由正无穷大变为负无穷大。$\alpha_{A/B}$增大后，T 配流窗口的流量波动率变化趋势更平缓，且能够在较大范围内保持在 100%范围内。

通过对不同配流窗口包角时液压变压器瞬时流量特性的研究可

以得出以下内容。

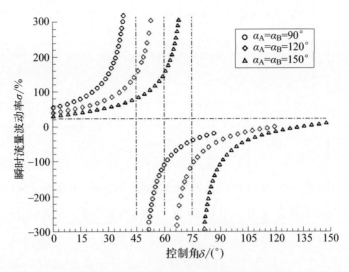

图 2-15　T 配流窗口的流量波动率

① 配流窗口包角的改变将直接改变柱塞在配流窗口范围内的分布状态，从而对液压变压器各配流窗口的瞬时流量特性产生显著的影响。增大包角 $\alpha_{A/B}$ 后，A 与 B 配流窗口的瞬时流量会有明显增加。

② 相比于配流窗口均布的情况，在 $\alpha_{A/B}=90°$ 时，控制角小于 45°工况下的瞬时流量波动率 σ 更小，而当 $\alpha_{A/B}$ 增大至 150°以后，能够在较大的控制角变化范围内实现较低的流量波动率。相比之下，配流窗口均布时，在控制角 $\delta=90°$ 附近瞬时流量波动率最低。

2.3.4　柱塞数量对瞬时流量特性的影响

在某一时刻，各配流口所对应的区域内的柱塞数量不同，从而造成柱塞数量在各配流窗口范围内周期性地增加与减少。表 2-3 所示为配流窗口均布时不同数量的柱塞在配流盘上的分布情况。

表 2-3　配流窗口均布时不同数量的柱塞在配流盘上的分布情况

柱塞数量/个	单个窗口内最多柱塞数量/个	单个窗口内最少柱塞数量/个	最多柱塞的窗口数量/个	最少柱塞的窗口数量/个
7	3	2	1	2
8	3	2	2	1

续表

柱塞数量 /个	单个窗口内 最多柱塞数量/个	单个窗口内 最少柱塞数量/个	最多柱塞的 窗口数量/个	最少柱塞的 窗口数量/个
9	3	3	3	0
14	5	4	2	1
16	6	5	1	2
18	6	6	3	0

可以看出，当柱塞数量为 7 个与 16 个时，将会出现有一个配流窗口所对应的范围角内柱塞数量相比另外两个配流窗口多一个的情况。当柱塞数量为 8 个与 14 个时将会出现有一个配流窗口所对应的范围角内柱塞数量相比另外两个配流窗口少一个的情况。当柱塞数量为 9 个与 18 个时，柱塞能够均匀分布于各配流窗口所对应的范围角内，即在任意时刻各配流窗口范围内的柱塞数都恒定。

接下来研究柱塞数量对瞬时流量的影响。如图 2-16 所示为 $\alpha_{A/B} =$

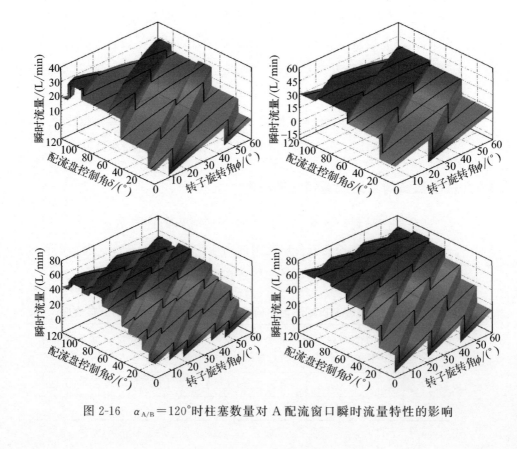

图 2-16 $\alpha_{A/B} = 120°$ 时柱塞数量对 A 配流窗口瞬时流量特性的影响

120°时柱塞数量对 A 配流窗口瞬时流量特性的影响。由于柱塞数量为
7 个时两柱塞间夹角为 51.4°，因此 60°的旋转角变化范围能够至少完
整展示一个瞬时流量的波动周期。可以看出，当柱塞数量为 9 个与
18 个时，如图 2-16(b) 与图 2-16(d) 所示，随着转子的转动，在一
个瞬时流量波动周期中瞬时流量的波动幅值都相同，而当柱塞数量
为 7 个与 14 个时，瞬时流量中存在幅值不同的波动。这是由于 $z=7$
与 $z=14$ 的情况下柱塞不能均匀分布在三个配流窗口中，从而导致
随着转子的转动，配流窗口上周期性地出现工作柱塞数量的增加与
减少引起的。当额外的柱塞进入配流窗口区域时，瞬时流量将出现
大的波峰。在瞬时流量波动周期中出现的峰值不同的额外波动将对
瞬时流量波动率产生显著的影响。

如图 2-17 所示为 $\alpha_{A/B}$ 分别等于 120°、130°、140°与 150°时，柱塞
数量对液压变压器 A 配流窗口瞬时流量波动特性的影响。可以看出，
当 $\alpha_{A/B}=120°$ 时，如图 2-17(a) 所示，流量波动率 σ 在控制角 δ 接近 0°

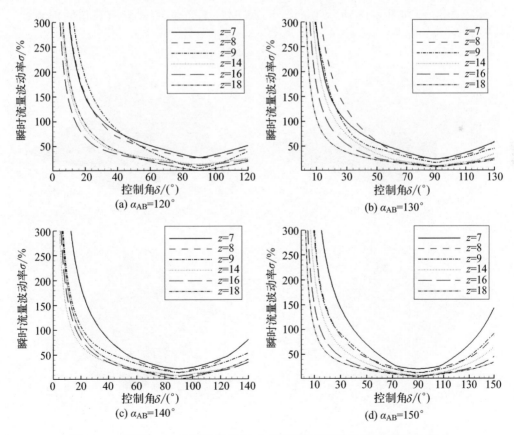

图 2-17　不同 $\alpha_{A/B}$ 时柱塞数量对 A 配流窗口瞬时流量波动率的影响

时达到最大值，在控制角 δ 接近 90°时达到最小值。相比于 7~9 个柱塞，14 个、16 个、18 个柱塞时 A 配流窗口的瞬时流量波动率降低明显，这证明增加柱塞数量、降低波动性是十分有效的。7 个、8 个柱塞与 9 个柱塞相比，当控制角大于 42°与 56°时，9 个柱塞的波动率远远小于 7 个和 8 个柱塞的波动率；而当控制角小于 42°与 56°时，7 个柱塞与 8 个柱塞反而拥有更小的波动率。这是由于 A 配流口上柱塞数量周期性变化造成的额外波动的结果。14 个柱塞与 18 个柱塞的瞬时流量波动率在控制角较小时十分接近；对于 16 个柱塞，在控制角小于 50°时波动率明显小于 14 个柱塞与 18 个柱塞。当控制角大于 50°以后，18 个柱塞的波动率明显低于 14 个柱塞与 16 个柱塞，尤其在 $\delta \in (60°, 120°)$ 范围内，18 个柱塞的优势更加明显。当 $\alpha_{A/B}$ 增大后，在 $\alpha_{A/B} = 130°$ 以及 $\alpha_{A/B} = 150°$ 情况下，柱塞数 $z = 18$ 具有明显优势；而在 $\alpha_{A/B} = 140°$ 时，16 个柱塞下的流量波动率反而更小。这是柱塞在配流窗口上分布不均匀而引起的波动频率增加的结果。

如图 2-18 所示为 $\alpha_{A/B} = 120°$ 时柱塞数量对 B 配流窗口瞬时流量

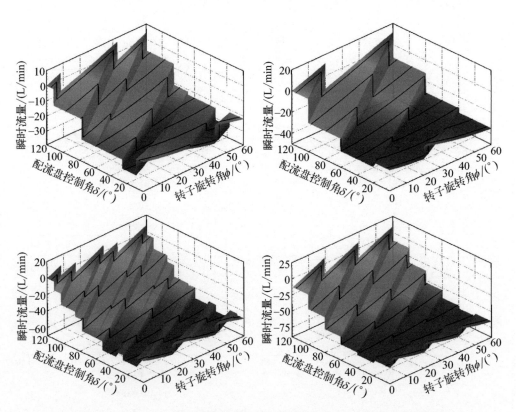

图 2-18　$\alpha_{A/B} = 120°$ 时柱塞数量对 B 配流窗口瞬时流量特性的影响

特性的影响。比较图 2-18 与图 2-16 可以看出，B 配流窗口的瞬时流量特性与 A 配流窗口瞬时流量具有对称的关系，两者关于控制角 δ 的变化中间值 60°对称。这是由于在配流窗口均匀分布的情况下，控制角旋转至 $\delta=60°$时 A 配流窗口与 B 配流窗口关于斜盘的上下止点连线对称，从而使得相应位置时瞬时流量的绝对值相同。柱塞旋转经过两配流油口时的方向相反，使得其吸排油工况相反。配流窗口不均布时也有类似情况，分析可得 A 配流窗口与 B 配流窗口之间的对称线为 $\delta=\dfrac{\alpha_A+\alpha_B}{4}=\dfrac{\alpha_{A/B}}{2}$，即在 $\alpha_{A/B}$ 分别为 120°、130°、140° 与 150°时的对称线分别为 $\delta=60°$、65°、70° 与 75°。

如图 2-19 所示为 $\alpha_{A/B}$ 分别等于 120°、130°、140° 与 150°时，柱塞数量对液压变压器 B 配流窗口瞬时流量波动率的影响。可以

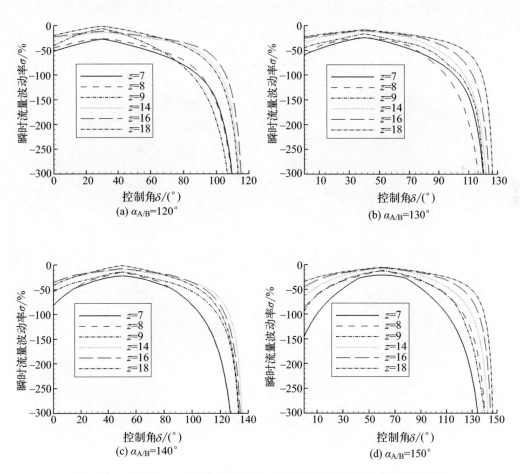

图 2-19　不同 $\alpha_{A/B}$ 时柱塞数量对 B 配流窗口瞬时流量波动率的影响

看出，B配流窗口的瞬时流量波动率与A配流窗口的瞬时流量波动率关于坐标轴上一点$(\alpha_{A/B}/2,0)$对称，即当$\alpha_{A/B}$分别为120°、130°、140°与150°时，对称点分别为：$(60,0)$、$(65,0)$、$(70,0)$以及$(75,0)$。

如图2-20所示为$\alpha_{A/B}=120°$时柱塞数量对T配流窗口瞬时流量特性的影响。可以看出，随着控制角的增加，T配流窗口的瞬时流量由$\delta=0°$的正值逐渐降低，最后变为$\delta=120°$的负值。这是由于当控制角δ小于60°时，由A配流窗口进入变压器的流量少，而由B配流窗口流出变压器的流量多。因此，油液将由T配流窗口进入变压器以满足质量守恒定律；同理，当控制角δ大于60°时，由A配流窗口进入变压器的流量多，由B配流窗口流出变压器的流量少，为了满足质量守恒定律，油液将由T配流窗口流出变压器。除此之外，对比图2-20(a)与图2-20(b)可以看出，7个柱塞时瞬时流量的波动

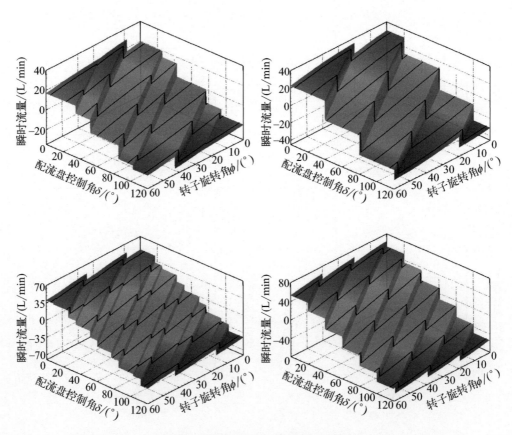

图2-20　$\alpha_{A/B}=120°$时柱塞数量对T配流窗口瞬时流量特性的影响

幅值明显小于 9 个柱塞。对比图 2-16(c) 与图 2-20(d) 可以看出，14 个柱塞时的瞬时流量波动幅值同样小于 18 个柱塞。柱塞数量增加后，瞬时流量波动幅值反而增大的现象是由于柱塞不均匀分布导致的流量波动频率增加造成的。可以看出，转子转过相同角度时，7 个柱塞与 14 个柱塞时的瞬时流量波动频率明显高于 9 个柱塞与 18 个柱塞。

如图 2-21 所示为 $\alpha_{A/B}$ 分别等于 120°、130°、140° 与 150°时，柱塞数量对液压变压器 T 配流窗口瞬时流量波动率的影响。可以看出，当 $\alpha_{A/B}=120°$时，如图 2-21(a) 所示，7 个柱塞时 T 配流窗口的瞬时流量波动率在大部分控制角变化区间内都明显小于 9

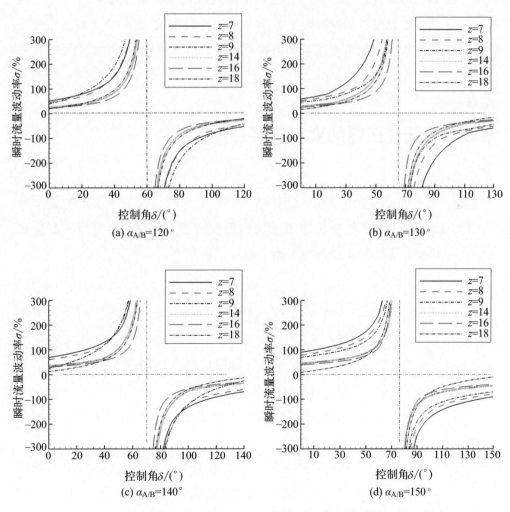

图 2-21　不同 $\alpha_{A/B}$ 时柱塞数量对 T 配流窗口瞬时流量波动率的影响

个柱塞，而仅仅在 δ 接近 $0°$ 与 $120°$ 时稍高于 9 个柱塞时的波动率 σ。8 个柱塞时，σ 则在整个控制角变化区间内都小于 7 个柱塞与 9 个柱塞。而在柱塞数量增加后，14 个、16 个与 18 个柱塞时的波动率都明显降低。对比在四种 $\alpha_{A/B}$ 情况下的流量波动率 σ 可以看出，相比于 14 个与 18 个柱塞，16 个柱塞在控制角接近变化中值时具有更低的瞬时流量波动率，而 18 个柱塞在控制角变化区间的两端的范围内，流量波动率更低。例如在 $\alpha_{A/B}=150°$，$\delta\in$ $(0,50)$ 与 $(100,150)$ 时，18 个柱塞下的流量波动率更小。相比之下，14 个柱塞的优势不明显。

通过柱塞对不同配流窗口包角下的瞬时流量特性及其波动特性影响的研究，可以得出：通过增加柱塞数量能够显著降低液压变压器各配流窗口的瞬时流量波动率。16 个柱塞与 18 个柱塞时液压变压器在较大控制角变化范围内瞬时流量波动率更低。

2.4
双转子液压变压器的变压比特性

当液压变压器在一定转速下稳定工作时，处于三个配流窗口范围内的柱塞所产生的扭矩共同作用在转子上，与扭矩损失一起达到平衡状态。转子的扭矩平衡方程可以表示为：

$$T_A+T_B+T_T+T_f=0 \tag{2-22}$$

式中 T_A——工作在 A 配流窗口的柱塞产生的作用于转子上的扭矩，N·m；

T_B——工作在 B 配流窗口的柱塞产生的作用于转子上的扭矩，N·m；

T_T——工作在 T 配流窗口的柱塞产生的作用于转子上的扭矩，N·m；

T_f——工作过程中所产生的阻力矩，N·m。

工作在 A、B 与 T 配流窗口范围内的柱塞所产生的作用于转子上的扭矩可以通过排量公式计算获得。

$$T_A = \frac{p_A S_A Rz \tan\gamma (\cos\phi_B - \cos\phi_A)}{2\pi} = \frac{p_A S_A Rz \tan\gamma}{2\pi}$$

$$\left[\cos\left(\alpha_B + \alpha_T + \frac{\alpha_A}{2} + \delta\right) - \cos\left(\frac{\alpha_A}{2}\right)\right] \quad (2\text{-}23)$$

$$T_B = \frac{p_A S_A Rz \tan\gamma (\cos\phi_T - \cos\phi_B)}{2\pi} = \frac{p_B S_A Rz \tan\gamma}{2\pi}$$

$$\left[\cos\left(\alpha_T + \frac{\alpha_A}{2} + \delta\right) - \cos\left(\alpha_B + \alpha_T + \frac{\alpha_A}{2} + \delta\right)\right] \quad (2\text{-}24)$$

$$T_T = \frac{p_A S_A Rz \tan\gamma (\cos\phi_A - \cos\phi_T)}{2\pi} = \frac{p_T S_A Rz \tan\gamma}{2\pi}$$

$$\left[\cos\left(\frac{\alpha_A}{2}\right) - \cos\left(\alpha_T + \frac{\alpha_A}{2} + \delta\right)\right] \quad (2\text{-}25)$$

式中　p_A, p_B, p_T——A、B 与 T 配流窗口处的压力，Pa。

将式(2-23)～式(2-25)代入式(2-22)，整理后可以得出液压变压器变压比的表达式，如下所示。

$$\Pi = \frac{p_B}{p_A} = \frac{-2\pi T_f}{p_A S_A Rz \tan\gamma (\cos\phi_T - \cos\phi_B)} - \frac{S_A Rz \tan\gamma (\cos\phi_B - \cos\phi_A)}{S_A Rz \tan\gamma (\cos\phi_T - \cos\phi_B)}$$

$$- \frac{p_T S_A Rz \tan\gamma (\cos\phi_A - \cos\phi_T)}{p_A S_A Rz \tan\gamma (\cos\phi_T - \cos\phi_B)}$$

$$(2\text{-}26)$$

将 $\phi_A = \frac{\alpha_A}{2} + \delta$、$\phi_T = \alpha_T + \frac{\alpha_A}{2} + \delta$ 与 $\phi_B = \alpha_B + \alpha_T + \frac{\alpha_A}{2} + \delta$ 代入式(2-26)可得

$$\Pi = \frac{-2\pi T_f}{p_A S_A Rz \tan\gamma \left[\cos\left(\alpha_T + \frac{\alpha_A}{2} + \delta\right) - \cos\left(\alpha_B + \alpha_T + \frac{\alpha_A}{2} + \delta\right)\right]} -$$

$$\frac{\left[\cos\left(\alpha_B + \alpha_T + \frac{\alpha_A}{2} + \delta\right) - \cos\left(\alpha_T + \frac{\alpha_A}{2} + \delta\right)\right]}{\left[\cos\left(\alpha_T + \frac{\alpha_A}{2} + \delta\right) - \cos\left(\alpha_B + \alpha_T + \frac{\alpha_A}{2} + \delta\right)\right]} -$$

$$\frac{p_T \left[\cos\left(\frac{\alpha_A}{2} + \delta\right) - \cos\left(\frac{\alpha_A}{2} + \delta\right)\right]}{p_A \left[\cos\left(\alpha_T + \frac{\alpha_A}{2} + \delta\right) - \cos\left(\alpha_B + \alpha_T + \frac{\alpha_A}{2} + \delta\right)\right]}$$

$$(2\text{-}27)$$

式(2-27)为液压变压器变压比特性的通用数学模型。可以看出，

变压比 Π 不仅与控制角 δ 有关,还与 A、B 与 T 配流窗口的包角以及各配流窗口处的压力等级有关。当不考虑式(2-27)中 T_f 的影响时,通过求解式(2-27)能够获得液压变压器的变压比 Π 随控制角 δ 的变化特性,即液压变压器的理想变压比特性。可以看出,此时分子与分母中的柱塞数量 z 能够消去,Π 将不受柱塞数量的影响。需要说明的是,在接下来的研究中,在未特别声明的情况下,CPR 高压压力 $p_A=10\text{MPa}$,CPR 低压压力 $p_T=1\text{MPa}$。

首先讨论配流窗口均布时的理想变压比特性。如图 2-22 所示为 $\alpha_{A/B}=120°$ 时 CPR 压力等级对理想变压比 Π 的影响。p_T 对变压比 Π 的影响如图 2-22(a) 所示。可以看出,当控制角 δ 小于 $60°$ 时,T 配流窗口处压力 p_T 的增加能够获得更大的变压比 Π。然而,当控制角 δ 大于 $60°$ 时,随 p_T 的增加,变压比 Π 的值反而出现了降低。三种不同 p_T 压力下的变压比曲线在控制角 $\delta=60°$ 时重合。这是由于当控制角 δ 小于 $60°$ 时,处于 T 窗口范围内的柱塞所产生的扭矩与处于 A 配流窗口范围内的柱塞所产生的扭矩的方向相同,而与 B 配流窗口范围内柱塞所产生的扭矩方向相反。因此,此时 T 配流窗口范围内的柱塞对 A 配流窗口内柱塞的驱动扭矩起辅助作用。而当控制角大于 $60°$ 以后,由于 T 配流窗口中点越过柱塞运动的内外止点连线,导致处于 T 配流窗口范围内柱塞所产生的扭矩的方向与 A 配流窗口范围内柱塞相反,从而处于 T 配流窗口范围内柱塞所产生的扭矩对 A 配流窗口柱塞的驱动扭矩起阻碍作用,因此造成 $\delta \in (60°,120°)$ 时变压比 Π 的下降。

如图 2-22(b) 所示为 p_A 对变压比 Π 的影响。可以看出,当控制角 δ 小于 $60°$ 时,A 配流窗口内压力 p_A 的增高将使变压比 Π 降低。而当控制角 δ 大于 $60°$ 以后,A 配流窗口内压力 p_A 的增高将使变压比 Π 升高。这同样是由于当 $\delta \in (0°,60°)$ 时,位于 T 配流窗口范围内的柱塞所产生的扭矩与位于 A 配流窗口范围内的柱塞所产生的扭矩方向相同,而当控制角 δ 大于 $60°$ 以后,位于 T 配流窗口范围内的柱塞所产生的扭矩与 A 配流窗口范围内柱塞所产生的扭矩方向相反造成的。

如图 2-23 所示是 $\alpha_{A/B}$ 分别为 $90°$、$120°$ 与 $150°$ 时的理想变压比特性。

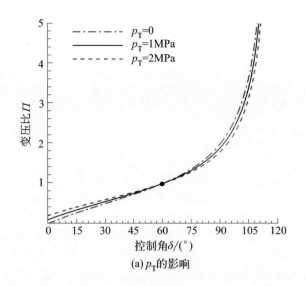

(a) p_T 的影响

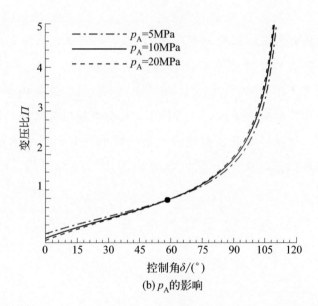

(b) p_A 的影响

图 2-22　$\alpha_{A/B}=120°$ 时 CPR 压力等级对理想变压比 Π 的影响

　　可以看出，随着控制角 δ 的增大，变压比 Π 首先缓慢增加，当控制角 δ 大于一定值以后，变压比 Π 的增加速度将急剧增大。相比于 $\alpha_{A/B}=120°$，当 $\alpha_{A/B}$ 减小至 $90°$ 以后，变压比 Π 随控制角 δ 的增加更加迅速。此时，在控制角 $\delta=60°$ 时变压比已接近 2，而在 $\alpha_{A/B}=120°$ 情况下 $\delta=60°$ 的变压比 Π 仅为 1 左右。在 $\alpha_{A/B}$ 增大至 $150°$ 以后，可以看出变压比 Π 随控制角 δ 的变化区间增大曲线缓慢增长，且在

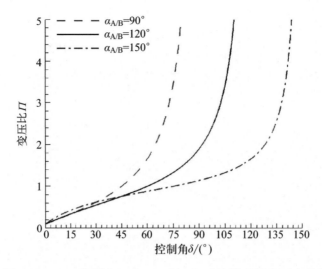

图 2-23 $\alpha_{A/B}$ 分别为 90°、120°与 150°时的理想变压比特性

控制角大于 120°以后，变压比 Π 的值才出现急剧增大现象。除此之外，在图 2-23 中还可看出，当控制角很小时（$\delta < 30°$），$\alpha_{A/B} = 150°$时的变压比 Π 明显比 $\alpha_{A/B} = 90°$与 120°时大。这是由于在 $\alpha_{A/B} = 150°$时，在控制角 δ 接近 0°的条件下，B 配流窗口将横跨斜盘的上下止点连线，这使得处于 B 配流窗口范围内的柱塞所产生的扭矩将有一部分相互抵消，从而 B 配流窗口内的压力必须提高，以使转子受力平衡。

2.5

小结

本章首先根据双转子液压变压器的结构特点，建立了液压变压器的流量、排量与变压比特性的数学模型。随后通过编写 C 程序进行了仿真，分别探讨了控制角、配流窗口包角、柱塞数以及窗口压力等参数对液压变压器特性的影响。通过本章的研究能够得出以下结论。

① 配流窗口包角的增大能够提高相应配流口的排量。因此，通过增大 A 与 B 配流窗口的包角范围能够在相同工作转速下获得更大

的通流量，从而提高液压变压器的功率密度。

② 理论瞬时流量不连续是液压变压器压力波动大的主要原因。仿真结果表明，柱塞数的增加能够显著降低各配流窗口的瞬时流量波动率。对于 A 与 B 配流窗口，18 个柱塞在降低流量波动方面具有明显优势，尤其在 $\delta = 90°$ 附近，波动率最小；而对于 T 配流窗口，16 个柱塞的流量波动率总体更低；相比之下，14 个柱塞的优势不明显。这是由于配流窗口包角的改变影响了柱塞在各窗口范围内的分布，进而影响到瞬时流量的波动频率与幅值造成的。

③ 通过对变压比特性的研究，推出控制角 δ 的变化范围为 $\left[0, \dfrac{\alpha_A}{2} + \dfrac{\alpha_B}{2} \right]$，其取决于 A 与 B 配流窗口包角的大小。当 $\alpha_{A/B}$ 增大时，δ 的调节范围增大，变压比 Π 随 δ 的变化曲线将变平缓；当 $\alpha_{A/B}$ 减小时，δ 的调节范围减小，变压比 Π 随 δ 的变化曲线将变陡。除此之外，CPR 压力 p_A 与 p_T 的改变对变压比 Π 有不同的影响。当 p_T 增大时，$\delta \in (0°, 60°)$ 时的变压比 Π 将随之增大，而 $\delta \in (60°, 120°)$ 时的变压比 Π 将降低。而当 p_A 增大时，$\delta \in (0°, 60°)$ 时的变压比 Π 将减小，而 $\delta \in (60°, 120°)$ 时的变压比 Π 将增大。

综上所述，本章扩展了现有研究中对配流窗口包角以及柱塞数研究的不足，探讨了配流窗口不均布情况下液压变压器的性能特点。本章的研究工作有利于双转子液压变压器结构参数的确定。

第

3 章

双转子构型液压变压
器结构设计

液压变压器的配流机构具有配流与变量两个功能，其工作性能将直接影响到液压变压器的变压比、效率以及控制角的变化范围等重要参数。因此，如何无节流损失地完成两个转子的配流是液压变压器性能提升的关键，同时也是液压变压器设计的难点。本章介绍双端面配流的双转子配流机构，采用液压回转接头原理，解决了传统配流盘转动型液压变压器中存在的节流问题；阐明新型双转子配流机构的工作原理，分析配流机构的受力特性，包括由柱塞腔中油液压力产生的转子压紧力和转子和配流盘之间油膜压力场产生的液压支撑力，得到配流盘和转子配流端面的剩余压紧力与剩余压紧力矩系数，为接下来的液压变压器动力学建模奠定了基础；最后，介绍两种采用独特变量方式的双转子构型液压变压器的结构、原理以及特点。

3.1
双转子构型液压变压器的双转子支撑模式

液压变压器与柱塞泵/马达不同，其变压比的调节是通过改变配流盘相对斜盘的位置角（控制角 δ）来实现的，随着控制角增大，柱塞在高压油液作用下所产生的对转子作用力的径向分力随之增加。如图 3-1 所示为在双转子液压变压器中由柱塞所产生的径向合力 F_r 随控制角的变化情况。

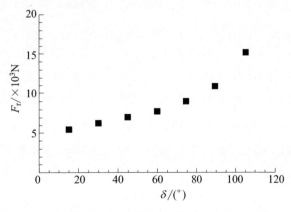

图 3-1　在双转子液压变压器中由柱塞所产生的径向合力 F_r 随控制角的变化情况

可以看出，径向合力随着控制角的增加而逐渐增大，且增大速度也不断加快。在 δ 由 15°增加至 105°的过程中，F_r 从 5.4kN 增大到 15.2kN。若该径向力作用在转子上将导致转子的倾覆，因此合理的支撑十分关键。

根据承受柱塞所产生的径向力的方式不同，目前的液压变压器可分为斜盘型与斜轴型两种，如图 3-2 所示。斜轴型液压变压器如图 3-2(a) 所示，其柱塞在高压油液作用下产生的径向分力将直接由主轴承担，并没有传递到转子上，因此摆角可以很大。斜盘型液压变压器如图 3-2(b) 所示，柱塞产生的径向力将传递至中心轴花键的啮合点处，并最终传递到壳体上。

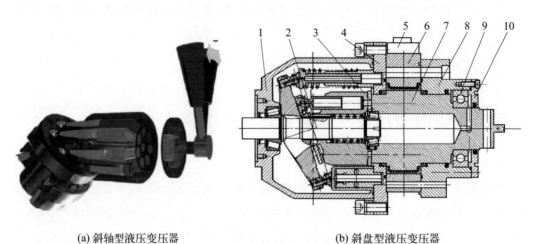

(a) 斜轴型液压变压器   (b) 斜盘型液压变压器

图 3-2　液压变压器的转子支撑模式

1—壳体；2—主轴；3—配流盘；4—转接盘；5—油口；6—摆动马达的定子；

7—摆动主轴；8—摆动马达端盖；9—深沟球轴承；10—后端盖

当"双转子"采用如图 3-2(a) 所示的结构时，由于转子在某一瞬时仅与一个柱塞啮合，因此柱塞总数的增加将导致与转子进入啮合的柱塞受到严重的冲击力。而当"双转子"采用如图 3-2(b) 所示的结构时，中心轴将会很长并同时承受来自两个转子的径向力。当中心轴在径向力作用下变形后，将会影响转子与配流盘之间的密封。因此，为解决双转子径向力的支撑问题，提出一种双转子壳体直接支撑模式，将非通轴转子应用于双转子液压变压器中，如图 3-3 所示。

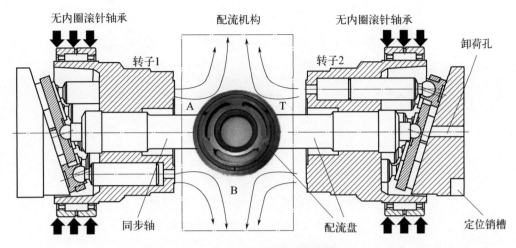

无内圈滚针轴承　　配流机构　　无内圈滚针轴承　　卸荷孔

转子1　　转子2

A　　T

B

同步轴　　配流盘　　定位销槽

图 3-3　双转子直接支撑模式

转子由无内圈滚针轴承直接支撑在壳体上，且轴承支撑位置接近柱塞径向合力作用点。因此，中心轴将仅起传递扭矩的作用，不承受径向力，在组成"双转子"后，连接两个壳体支撑转子的中心轴也相对更短。

3.2
双转子构型液压变压器的双转子双端面变量配流原理

3.2.1　液压变压器中配流机构的工作原理

与泵/马达不相同，液压变压器的配流过程中伴随着对液压能与液压能之间能量转换的控制。如图 3-4 所示，油源提供的液压能驱动"马达"，再由"马达"输出机械能作用于"泵"并输出液压能，从而完成液压能与液压能之间能量状态的转换。在这个过程中，配流机构通过改变"泵"与"马达"之间的排量比值来实现容积控制。

在柱塞泵/马达中，配流盘上加工有两个窗口，柱塞绕配流盘旋转一周的过程中油液将从其中一个窗口以一定压力和速度进入柱塞腔，并在另一个窗口以一定压力与速度流出柱塞腔。而在液压变压器的三窗口配流盘中，柱塞旋转一周的过程中将产生三组流量与压

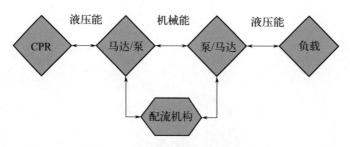

图 3-4 配流机构在液压变压器中的作用

力，如图 3-5 所示，通过改变三窗口配流盘与斜盘之间的旋转角，可以改变处于三个窗口范围内的柱塞所产生的扭矩的平衡状态，从而实现对变压比的控制。

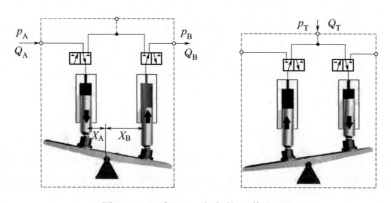

图 3-5 三窗口配流盘的工作机理

采用常规设计和思维方法设计的液压变压器配流盘与后端盖如图 3-6 所示[79]。可以看出，当配流盘沿逆时针方向旋转时，配流盘

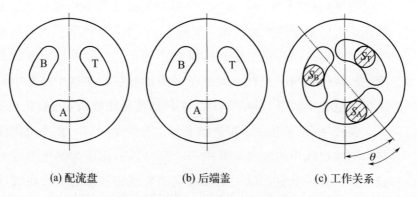

(a) 配流盘　　　　　(b) 后端盖　　　　　(c) 工作关系

图 3-6 Innas 配流盘与后端盖之间的油口关系[79]

上的 A、B 与 T 配流窗口将与后端盖上的 A、B 与 T 配流通油口错开，导致从配流盘至后端盖的通流面积 S_A、S_B 与 S_T 减小。这不仅会引起节流损失，还限制了配流盘的转动范围。因此，如何在配流过程中实现将节流损失降低至最低，同时保证配流盘旋转角能在较大范围内调节，是液压变压器研制开发过程中需要解决的一个重要技术难点。

3.2.2　双转子双端面变量配流原理与特点

为了解决双转子液压变压器的配流问题，提出了一种双转子双端面配流机构，如图 3-7 所示。根据第 1 章中对液压变压器的分类，双转子配流机构属于配流盘旋转型。其最显著的特点是取消了固定的配流后端盖[22,51]，并采用液压回转接头原理，通过双端面配流实现由一个摆动主轴对应两个转子，从而解决传统配流盘转动型液压变压器中存在的节流问题。

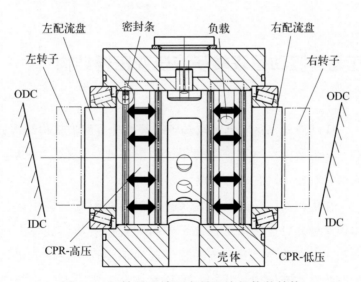

图 3-7　双转子双端面变量配流机构的结构

在结构上，双转子配流机构还具有以下特点：

① 摆动主轴上加工有环形槽，分别对应壳体上的通油口，通过环形槽将配流盘上的三个配流窗口分别与 CPR 高、低压端以及负载端相连；

② 配流盘的两侧分别对应两侧的两个转子，两侧转子通过中心

轴连接同步工作；

③ 配流盘被安装在摆动主轴上，能够随摆动主轴一同转动，而斜盘是固定的，通过控制摆动主轴的转动能够实现对配流盘控制角 δ 的控制。

在双转子双端面配流机构中，摆动主轴能够实现配流盘控制角的大范围旋转，且在旋转以后环形油槽通流截面保持恒定，故没有节流损失。除此之外，在液压变压器工作过程中，双转子双端面配流机构的摆动主轴两侧所受轴向液压力之间相互抵消，轴向受力基本平衡。

根据双转子双端面配流机构中摆动主轴的驱动方式以及转子的形式不同，设计了摆动马达驱动型、液压缸驱动型以及齿轮驱动型三种典型的结构，根据排量是否可变又可分为可变排量型与固定排量型。除此之外，还提出了两种具有特殊配流原理的双转子配流方案。

3.3
摆动液压马达驱动型双转子液压变压器结构

摆动液压马达驱动型双转子双端面变量配流机构结构如图 3-8 所示，其主要由左端盖、左转子、左配流盘、壳体、摆动主轴、右配流盘、右转子、右端盖组成。

在摆动液压马达驱动型双转子双端面配流机构中，左端盖与右端盖通过螺钉连接固定在位于中间的液压变压器壳体上；左侧转子安装在左端盖内，其右侧的柱塞腔通油端面与左配流盘相对；右转子安装在右壳体内，其左侧的柱塞腔通油端面与右配流盘相对；两个转子在壳体之中呈现出对顶布置的结构。左配流盘的右侧端面与位于中间的摆动主轴左侧端面相对并紧密贴合；右配流盘的左侧端面与位于中间的摆动主轴的右侧端面相对并紧密贴合。摆动主轴内部加工有三个通油通孔，这三个通孔贯穿摆动主轴左右端面；摆动主轴的轴向上加工有三道环形槽，分别对应贯穿摆动主轴左右端面的三个通油口。摆动主轴能够被安装在同样位于中间的壳体内，壳

体两端通过圆锥滚子轴承实现摆动主轴的定位安装。在位于中间的
壳体轴向上，同样加工有三个对应于摆动主轴上三个环形槽的油口，
如图 3-8 所示，从而通过摆动主轴上的三个环形通油槽与贯穿摆动主
轴的三个通油孔将壳体上的三个油口分别与液压变压器左右配流盘上
的三个配流窗口相连。在摆动液压马达驱动型双转子双端面配流机构
中，左右两侧的油口分别与 CPR 高压端和负载端相连，位于中间的通
油口则与 CPR 低压端相连。加工在摆动主轴中间的环形槽的一侧设置
有定叶片与动叶片，通过控制油口能够实现对摆动旋转角度位置的控
制，从而实现对集成性液压变压器控制角的调节。需要说明的是，如
图 3-5 所示的斜盘倾斜角度是固定的，因此其为固定排量型。

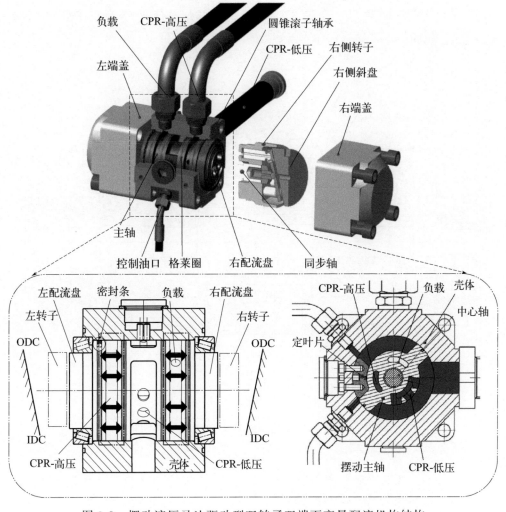

图 3-8　摆动液压马达驱动型双转子双端面变量配流机构结构

3.4
液压缸驱动型双转子液压变压器结构

液压缸驱动型双转子液压变压器的结构如图 3-9 和图 3-10 所示，其主要包括左壳体 1、主轴 2、左缸体 3、左配流盘 4、齿轮 5、轴 6、齿轮 7、齿轮 8、右配流盘 9、右缸体 10、右壳体 11、右斜盘 12、中心体 16、中心配流体 17、左斜盘 18、左端盖 19、变量缸体 20、变量缸体壳 21、右端盖 22、左柱塞 23、右柱塞 24。其中，左壳体 1 与右壳体 11，左缸体 3 与右缸体 10，左配流盘 4 与右配流盘 9，左斜盘 18 与右斜盘 12，左端盖 19 与右端盖 22，左柱塞 23 与右柱塞 24 结构相同。

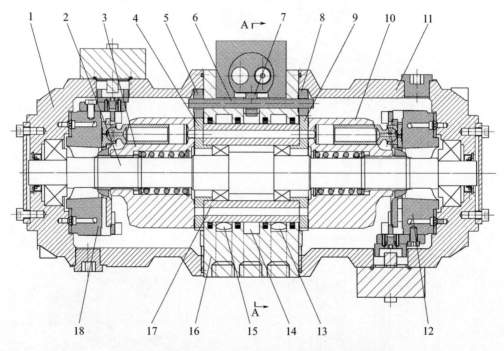

图 3-9　液压缸驱动型双转子液压变压器结构

在液压缸驱型双转子液压变压器中，左配流盘 4 与右配流盘 9 上分别开有三个相同的腰形槽并在外缘加工有轮齿，如图 3-11(a) 所

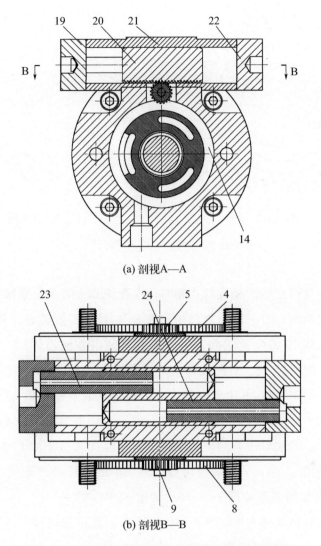

(a) 剖视A—A

(b) 剖视B—B

图 3-10　液压缸驱动型变量调节机构的剖视图

示；中心体内开有三条环形油槽，环形油槽间装有密封条，其中位于中间的油槽 14 接 CPR 低压端，位于两侧的环形油槽分别接负载与 CPR 高压端；中心配流体 17 上开有与左配流盘 4 和右配流盘 9 相同形状的三个腰形槽，且在径向上开有三个通油口，如图 3-11（b）所示。

左壳体 1 与右壳体 11 分别通过螺栓对称地连接在中心体 16 上，构成了变压器的壳体；主轴 2 的两端分别安装在左壳体 1 与右壳体 11 两端的轴承上；左缸体 3 与右缸体 10 分别通过键安装在主轴 2

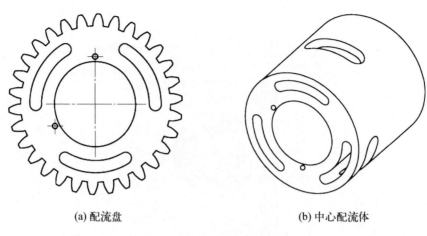

(a) 配流盘   (b) 中心配流体

图 3-11 配流关键零部件

上，且两缸体的配流端面相对；左配流盘 4 的一侧面紧贴左缸体 3 的配流端面，另一侧面紧贴中心配流体 17；右配流盘 9 的一侧面紧贴右缸体 10 的配流端面，另一侧面紧贴中心配流体 17；左配流盘 4、中心配流体 17、右配流盘 9 三者的腰形槽位置完全对应，并通过销定位；中心体 16 上开有三个环形油槽并装有密封条，中心配流体 17 装在中心体 16 内，中心体 16 上的三个环形油槽与中心配流体 17 径向上开的油口一一对应，油箱中的油液接入位于中心体 16 中间的环形油槽 14 中，负载油液与恒压网络中的高压油液则接入位于中心体 16 两侧的环形油槽 13 与环形油槽 15 中，在中心体 16 表面上开有三个油口，如图 3-6 与图 3-10(a) 所示，通过油道分别连接环形槽 13、环形槽 14 与环形槽 15。

中心体 16 上装有轴 6，轴 6 两端装有两个相同的齿轮：齿轮 5 与齿轮 8，齿轮 5 与齿轮 8 分别与配流盘 4 与配流盘 9 外缘的轮齿相互啮合。左端盖 19、变量缸体 20、变量缸体壳 21、右端盖 22、左柱塞 23、右柱塞 24 组成了液压变压器的变量液压缸，如图 3-10(b) 所示，变量缸体 20 装在变量缸体壳 21 中，变量缸体壳 21 通过螺钉固定在中心体 16 上。变量缸体 20 上有齿条，同时变量缸体 20 两头分别装有相同的柱塞：左柱塞 23 与右柱塞 24，两柱塞的两端分别固定在左端盖 19 与右端盖 22 上。左端盖 19 与右端盖 22 上开有油口并分别通过螺钉固定在变量缸体壳 21 上；齿轮 7 与变量缸体 20 上的齿条相互啮合，通过齿轮传动，以变量缸体 20 的直线运动驱动液压变压器的配流盘旋转。

液压缸驱动型双转子液压变压器轴向对称，两转子与主轴通过键连接且配流端面相对；中心配流体位于两转子中间，两配流盘紧贴其两侧，中心配流体与配流盘上开有相同的三个腰形槽且一一对应，中心配流体径向上开有配油口，与中心体上的三个环形油槽一一对应；两斜盘的倾角相等且呈 V 形；中心体上装有具有三个齿轮的轴，两端齿轮相同且分别与配流盘外缘轮齿啮合，中间齿轮与固定在中心体上的变量液压缸上的齿条啮合，以齿轮传动的方式实现对配流盘旋转角的控制，通过对液压变压器中作为驱动马达单元排量与输出泵单元排量的改变，从而实现对液压变压器变压比的控制与调节。需要说明的是，如图 3-9 所示液压缸驱动型双转子液压变压器的斜盘倾角是可以调节的，因此其为可变排量型。斜盘倾角的调节原理与传统变量液压泵类似，这里不再赘述。

3.5
齿轮驱动型双转子液压变压器结构

齿轮驱动型双转子液压变压器的结构剖视图如图 3-12 所示。其主要由左侧转子、右侧转子以及中间变量配流机构三部分组成，其中主轴 1、壳体 2、柱塞组件 3、缸体 4、轴承 5 等零件组成左侧转子部分；右转子与左转子具有对称的结构；变量调节结构位于中间。在齿轮驱动型双转子液压变压器的主体部分中，主轴 1 与主轴 18 的轴心线交于一点且摆角相等，缸体 4、缸体 16 和配流盘 14 共轴心线且两缸体的配流端面相对布置，配流盘 14 位于缸体 4 与缸体 16 中间，一面紧贴缸体 4 的配流端面，一面紧贴缸体 16 的配流端面，通过轴承 5 和轴承 15 装在中心体 6 内。

齿轮驱动型双转子液压变压器的变量调节机构位于变压器的中间，如图 3-13(a) 所示，在配流盘 14 与环形配流槽 20 相对的位置加工有环形槽，槽中装有齿轮片 22；轴 7 通过轴承 8、轴承 11 和侧板 13 装在中心体 6 中，齿轮 9 通过键连接装在轴 7 上并与齿轮片 22 相

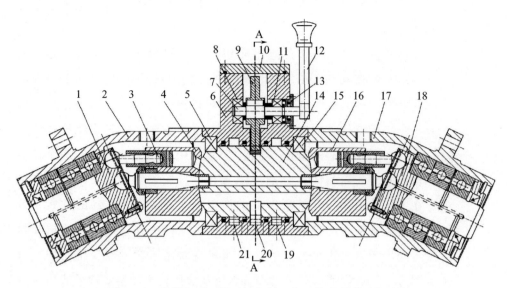

图 3-12　齿轮驱动型双转子液压变压器的结构剖视图

啮合，轴 7 的伸出端外接变压手柄 12，旋转变压手柄 12 可通过齿轮传动控制配流盘转角；盖板 10 通过螺钉固定在中心体 6 上，盖板 10 与中心体 6 之间用 O 形圈密封。

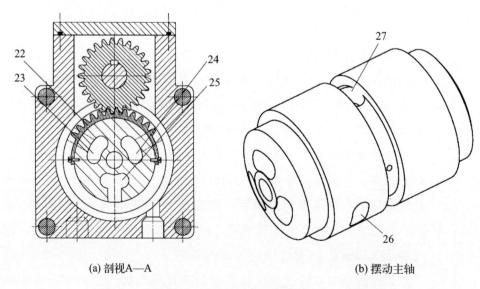

(a) 剖视 A—A　　　　　　　　　　　(b) 摆动主轴

图 3-13　斜轴式双转子液压变压器的 A—A 剖视图

齿轮驱动型双转子液压变压器的变量调节机构还兼顾着配流的

功能，其配油部分如图 3-13（b）所示，配流盘 14 的轴向上开有三个贯通的配流孔：配流孔 23、配流孔 24、配流孔 25。在配流盘 14 的径向上开有三个油口，其中两个油口在图 3-13（b）中标出：油口 26 与油口 27。配流盘 14 径向上的三个油口分别接通轴向上的三个配流孔，其中油口 27 接通配流孔 25、油口 26 接通配流孔 23。中心体 6 内开有三条环形配流槽：环形配流槽 19、环形配流槽 20、环形配流槽 21，如图 3-12 所示，分别与配流盘上的三个径向油口一一对应，环形配流槽之间通过密封圈密封。在中心体 6 外表面开有三个油口，分别与中心体 6 内的三个环形配流槽对应，将油液引出。配流盘 14 上对应于环形配流槽 20 处加工有环形槽，其内装有齿轮片 22，齿轮片 22 与装在中心体上的齿轮 9 啮合，齿轮 9 通过键连接固定在轴 7 上，通过转动固连在轴 7 上的变压手柄 12 来实现对配流盘 14 转角的控制。

齿轮驱动型双转子液压变压器通过采用双转子构型，增加了柱塞的数量，降低了斜轴式液压变压器输出流量的波动性，增大了功率密度，且启动扭矩大，配流盘轴向受力平衡，延长了工作寿命。需要说明的是，如图 3-12 所示齿轮驱动型双转子液压变压器中转子采用弯轴结构，类似于弯轴液压马达，因此其能够获得更大的启动扭矩以及更好的低速特性。

3.6
双转子构型液压变压器配流摩擦副设计

在双转子液压变压器中，柱塞随转子旋转一周的过程中将经历配流盘上的三个压力区，转子将在柱塞腔内高压油液作用下压向配流盘，同时转子与配流盘之间的油膜将产生对转子的支撑力。柱塞腔内油液压力与油膜支撑力所产生的作用于转子上的主矢和主矩将决定着配流机构的效率与寿命。下面将探讨双侧柱塞数量为 2×9 个时，配流窗口包角对压紧力与支撑力的影响，并以配流窗口均布的情况为例，推出压紧力、支撑力及其力矩的模型。

3.6.1　转子的轴向压紧力及力矩

在液压变压器的工作过程中，转子中的柱塞将绕配流盘转动，处于各配流窗口范围内的柱塞将周期性地进入与离开，变化周期为 $4\pi/z=\alpha$。这个过程还将受相应配流窗口包角大小的影响。首先以单侧 A 配流窗口为研究对象，假设柱塞刚进入配流窗口时的位置角为零点，则当柱塞旋转角 $0\leqslant\phi<\delta_A$ 时，A 配流窗口范围内的柱塞所产生的压紧力可以表示为

$$F_{A1}=z_A F_{Ap}=\text{Mod}\left(\frac{\alpha_A-\delta_A}{\alpha}\right)p_A A_K \tag{3-1}$$

式中　z_A——处于 A 口范围的柱塞数量，个；

　　　Mod——对括号内算式结果取整；

　　　δ_A——A 口的补角，rad，且 δ_A 是 α_A 除以 α 的余数；

　　　F_{Ap}——柱塞腔油液压紧力，N；

　　　A_K——柱塞腔作用面积，m^2。

当柱塞旋转角 $\delta_A\leqslant\phi<\alpha$ 时，A 配流窗口范围内的柱塞所产生的压紧力可以表示为

$$F_{A2}=z_A F_{Ap}=\left[\text{Mod}\left(\frac{\alpha_A-\delta_A}{\alpha}\right)+1\right]p_A A_K \tag{3-2}$$

可得 A 配流窗口的平均压紧力为

$$F_A=\frac{\alpha-\delta_A}{\alpha}F_{A1}+\frac{\delta_A}{\alpha}F_{A2} \tag{3-3}$$

同理可得 B 与 T 配流窗口范围内柱塞所产生的平均压紧力 F_B 与 F_T，从而转子的总平均轴向压紧力 F_{pt} 可表示为

$$F_{pt}=F_A+F_B+F_T \tag{3-4}$$

当 $\delta_A=\delta_B=\delta_T=0$ 时，柱塞将能够同时在各配流窗口范围内均布，即在任意时刻处于各配流窗口范围内的柱塞数恒定为 α_A/α，此时，轴向总压紧力为

$$F_{pt}=\frac{A_K}{\alpha}[\alpha_A p_A+\alpha_B p_B+(2\pi-\alpha_A-\alpha_B)p_T] \tag{3-5}$$

在配流窗口均布的情况下，轴向总压紧力可进一步简化为

$$F_{pt}=\frac{z}{3}(p_A+p_B+p_T)A_K \tag{3-6}$$

液压变压器工作过程中，处于各配流窗口范围内的柱塞位置随转子的旋转而变化，因此压紧力 F_{pt} 的作用点将随转子转角的改变而变化，如图 3-14 所示。

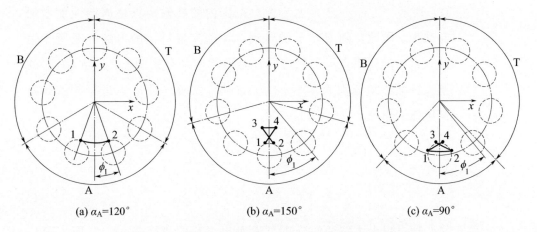

(a) $\alpha_A = 120°$　　　　(b) $\alpha_A = 150°$　　　　(c) $\alpha_A = 90°$

图 3-14　柱塞腔内油液压力对转子的合力作用点

下面同样以 A 配流窗口为例，通过图解法对配流窗口均布、配流窗口包角相对增大以及配流窗口包角相对减小三种情况下的压紧力作用点变化规律进行探讨。

配流窗口均布的情况如图 3-14(a) 所示，此时处于配流窗口范围内的柱塞数量为常数。因此，随着转子的转动，A 配流窗口范围内的柱塞所产生的压紧力的作用点运动轨迹是一段圆弧。圆心角为 α，圆弧半径 $\overline{OC_A}$ 能够通过各柱塞压紧力对 O 点的矩获得。

$$\overline{OC_A} = \frac{2R\cos\alpha + R}{3} = R\frac{2\cos\alpha + 1}{3} = 0.84R \tag{3-7}$$

A 配流窗口的包角范围 α_A 由均布的 $120°$ 增大至 $150°$ 后，如图 3-14(b) 所示。此时处于 A 配流窗口范围内的柱塞数量将周期性地增加与减少。因此，随着转子的转动，A 配流窗口范围内的柱塞所产生的压紧力的作用点运动轨迹是两段半径分别为 $\overline{OC_{A1}}$ 与 $\overline{OC_{A2}}$ 的圆弧，圆心角分别为 $\alpha_A - 3\alpha$ 与 $4\alpha - \alpha_A$。通过对 O 点取矩能够获得两圆弧的半径。

$$\overline{OC_{A1}} = \frac{2R\cos\alpha + R}{3} = R\frac{2\cos\alpha + 1}{3} = 0.84R \tag{3-8}$$

$$\overline{OC_{A2}}=R\ \frac{\cos\dfrac{\alpha}{2}+\cos\dfrac{3\alpha}{2}}{2}=0.719R \tag{3-9}$$

A 配流窗口的包角范围 α_A 由均布的 120°减小至 90°后，如图 3-14
(c) 所示。此时处于 A 配流窗口范围内的柱塞数量将周期性地增加
与减少。因此，随着转子的转动，A 配流窗口范围内的柱塞所产生
的压紧力的作用点运动轨迹同样是两段半径分别为 $\overline{OC_{A1}}$ 与 $\overline{OC_{A2}}$ 的
圆弧，圆心角分别为 $\alpha_A-2\alpha$ 与 $3\alpha-\alpha_A$。通过对 O 点取矩能够获得
两圆弧的半径。

$$\overline{OC_{A1}}=\frac{2R\cos\alpha+R}{3}=R\ \frac{2\cos\alpha+1}{3}=0.84R \tag{3-10}$$

$$\overline{OC_{A2}}=R\cos\frac{\alpha}{2}=0.94R \tag{3-11}$$

通过以上图解法的分析可以看出，若柱塞能够在相应配流窗口
范围内均布，柱塞腔油液压紧力的作用点运动轨迹将是一条以 α 为
圆心角的圆弧；当柱塞不能在相应配流窗口内均布时，作用点运动
轨迹则是两条半径不同的圆弧。这两条圆弧圆心角的和为 α 且相对
大小将受到配流窗口包角范围的影响。

柱塞腔油液压紧力产生的作用在转子上的力矩可以向 x 与 y 两
个方向分解，得到柱塞腔油液压紧力对 x 轴的矩 M_{px} 以及对 y 轴的
矩 M_{py}。在配流窗口均布的情况下能够得到力矩的解析表达式，进而
可得转子中全部柱塞腔内的油液产生的压紧力对原点的合力矩 M_{pO}。

$$M_{pO}=F_{pt}\overline{OC}=\sqrt{M_{px}^2+M_{py}^2}$$

$$=\frac{\pi d^2}{4}R(2\cos\alpha+1)\sqrt{\begin{aligned}&\left[p_A\cos(\delta+\phi_1)+p_T\cos\left(\delta+\phi_1+\frac{2\pi}{3}\right)+p_B\cos\left(\delta+\phi_1+\frac{4\pi}{3}\right)\right]^2+\\&\left[p_A\sin(\delta+\phi_1)+p_T\sin\left(\delta+\phi_1+\frac{2\pi}{3}\right)+p_B\sin\left(\delta+\phi_1+\frac{4\pi}{3}\right)\right]^2\end{aligned}}$$

$$\tag{3-12}$$

3.6.2　油膜对转子的液压支撑力及力矩

工作过程中，柱塞腔中的高压油液将从配流盘与转子配流端面
之间的间隙流出，在转子与配流盘之间形成高压油膜压力场，产生
对转子的支撑力。转子配流盘摩擦副结构如图 3-15 所示，其中 A、B

与 T 三个配流窗口所产生的油膜的压力区的范围角分别为 β_{Av}、β_{Bv} 和 β_{Tv}。

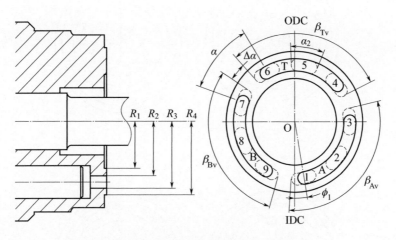

图 3-15　转子配流盘摩擦副结构

以 A 配流窗口为例，其压力区可分为三个部分。

当 $R_1 < r < R_2$ 时

$$p = \frac{\ln\dfrac{r}{R_1}}{\ln\dfrac{R_2}{R_1}} p_A \tag{3-13}$$

当 $R_2 < r < R_3$ 时

$$p = p_A \tag{3-14}$$

当 $R_3 < r < R_4$ 时

$$p = \frac{\ln\dfrac{R_4}{r}}{\ln\dfrac{R_4}{R_3}} p_A \tag{3-15}$$

通过积分可以获得油膜支撑力的表达式。

$$F_{dA} = \frac{1}{4} p_A \beta_{Av} \left[\frac{R_4^2 - R_3^2}{\ln\dfrac{R_4}{R_3}} - \frac{R_2^2 - R_1^2}{\ln\dfrac{R_2}{R_1}} \right] \tag{3-16}$$

在转子旋转过程中 β_{Av} 是周期性变化的，其是柱塞旋转角的函数。当各配流窗口均布时，即 $\alpha_A = \alpha_B = \alpha_T = 120°$ 时，随着转子的旋转，柱塞在一个变化周期内的关键位置如图 3-16 所示。

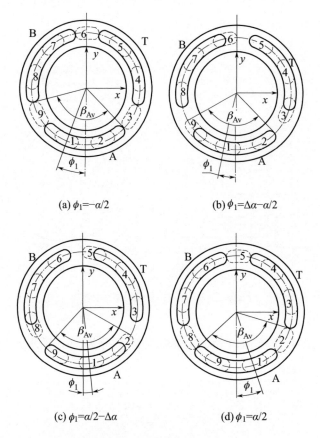

(a) $\phi_1=-\alpha/2$　　(b) $\phi_1=\Delta\alpha-\alpha/2$

(c) $\phi_1=\alpha/2-\Delta\alpha$　　(d) $\phi_1=\alpha/2$

图 3-16　一个周期的柱塞分布变化（一）

当 1 号柱塞的位置角 ϕ_1 满足 $-\alpha/2<\phi_1\leqslant-(\alpha/2-\Delta\alpha)$ 时

$$\beta_{\mathrm{Av}}=\frac{2\pi}{3}-\frac{\alpha}{2}-\phi_1 \tag{3-17}$$

当 1 号柱塞的位置角 ϕ_1 满足 $-(\alpha/2-\Delta\alpha)<\phi_1\leqslant\alpha/2-\Delta\alpha$ 时

$$\beta_{\mathrm{Av}}=\frac{2\pi}{3}-\Delta\alpha \tag{3-18}$$

当 1 号柱塞的位置角 ϕ_1 满足 $\alpha/2-\Delta\alpha<\phi_1\leqslant\alpha/2$ 时

$$\beta_{\mathrm{Av}}=\frac{2\pi}{3}-\frac{\alpha}{2}+\phi_1 \tag{3-19}$$

可以得出 β_{Av} 的均值为 $\frac{2\pi}{3}-\Delta\alpha+\frac{\Delta^2\alpha}{\alpha}$，从而可得 A 窗口的平均油膜支撑力。

$$F_{dAm} = \frac{1}{4} p_A \left(\frac{2\pi}{3} - \Delta\alpha + \frac{\Delta^2 \alpha}{\alpha} \right) \left(\frac{R_4^2 - R_3^2}{\ln \frac{R_4}{R_3}} - \frac{R_2^2 - R_1^2}{\ln \frac{R_2}{R_1}} \right) \quad (3\text{-}20)$$

A、B 与 T 三个窗口总的平均油膜支撑力为

$$F_{dm} = \frac{1}{4} (p_A + p_B + p_T) \left(\frac{2\pi}{3} - \Delta\alpha + \frac{\Delta^2 \alpha}{\alpha} \right) \left(\frac{R_4^2 - R_3^2}{\ln \frac{R_4}{R_3}} - \frac{R_2^2 - R_1^2}{\ln \frac{R_2}{R_1}} \right)$$

$$(3\text{-}21)$$

配流窗口包角改变后将引起配流盘压力区范围角的变化。例如，当 A 配流窗口的包角由 120°增大至 150°以后，柱塞将不能在 A 配流窗口范围内均布。此时，随着转子的旋转，在一个变化周期内的柱塞关键位置如图 3-17 所示。

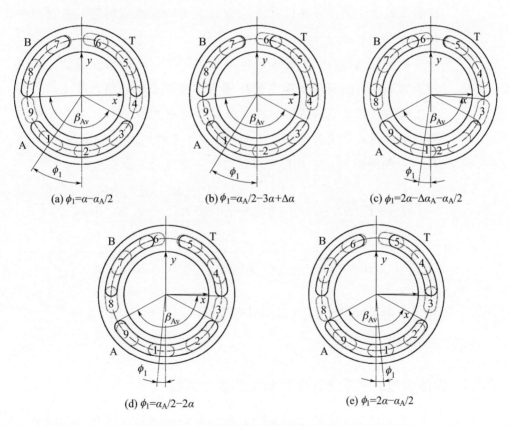

(a) $\phi_1 = \alpha - \alpha_A/2$　　(b) $\phi_1 = \alpha_A/2 - 3\alpha + \Delta\alpha$　　(c) $\phi_1 = 2\alpha - \Delta\alpha_A - \alpha_A/2$

(d) $\phi_1 = \alpha_A/2 - 2\alpha$　　(e) $\phi_1 = 2\alpha - \alpha_A/2$

图 3-17　一个周期的柱塞分布变化（二）

当 1 号柱塞的位置角 ϕ_1 满足 $(\alpha - \alpha_A/2) < \phi_1 \leqslant (\alpha_A/2 - 3\alpha + \Delta\alpha)$ 时

$$\beta_{Av} = \frac{\alpha_A}{2} + \alpha - \phi_1 \tag{3-22}$$

当 1 号柱塞的位置角 ϕ_1 满足 $(\alpha_A/2 - 3\alpha + \Delta\alpha) < \phi_1 \leqslant (2\alpha - \Delta\alpha - \alpha_A/2)$ 时

$$\beta_{Av} = 4\alpha - \Delta\alpha \tag{3-23}$$

当 1 号柱塞的位置角 ϕ_1 满足 $(2\alpha - \Delta\alpha - \alpha_A/2) < \phi_1 \leqslant (\alpha_A/2 - 2\alpha)$ 时

$$\beta_{Av} = \frac{\alpha_A}{2} + 2\alpha + \phi_1 \tag{3-24}$$

当 1 号柱塞的位置角 ϕ_1 满足 $(\alpha_A/2 - 2\alpha) < \phi_1 \leqslant (2\alpha - \alpha_A/2)$ 时

$$\beta_{Av} = \alpha_A - \alpha + \Delta\alpha \tag{3-25}$$

可以看出，当配流窗口包角变化后，将对油膜支撑力范围角产生很大影响。因此，在设计不同窗口包角的配流盘时应对各窗口分别进行受力分析与计算。

由于配流盘上三个配流窗口内压力不同，转子与配流盘之间油膜压力场产生的液压支撑力的作用点不在原点，从而油膜支撑力将产生作用在转子上的扭矩。在配流窗口均布的情况下，对于 A 配流窗口可算得其范围内的油膜所产生的液压支撑力对 x 轴的矩 M_{dAx} 以及对 y 轴的矩 M_{dAy}，从而可获得总液压支撑力对原点的矩为

$$M_{dO} = F_d \overline{OD} = \sqrt{M_{dx}^2 + M_{dy}^2} = \frac{2}{9}\left(\frac{R_4^3 - R_3^3}{\ln\frac{R_3}{R_4}} - \frac{R_2^3 - R_1^3}{\ln\frac{R_2}{R_1}}\right)\sin\frac{\beta_{Av}}{2} \times$$

$$\sqrt{\begin{aligned}&\left[p_A\cos(\delta+\phi_1) + p_T\cos\left(\delta+\phi_1+\frac{2\pi}{3}\right) + p_B\cos\left(\delta+\phi_1+\frac{4\pi}{3}\right)\right]^2 \\ &+ \left[p_A\sin(\delta+\phi_1) + p_T\sin\left(\delta+\phi_1+\frac{2\pi}{3}\right) + p_B\sin\left(\delta+\phi_1+\frac{4\pi}{3}\right)\right]^2\end{aligned}}$$

$$\tag{3-26}$$

3.6.3 配流盘与转子配流端面的剩余压紧力系数

配流盘与转子配流端面的工作与密封特性取决于转子与配流盘之间的压紧力与反推力的平衡程度。转子压紧力与油膜支撑力之差称为剩余压紧力 ΔF_{pdm}，剩余压紧力与压紧力之比称为剩余压紧系数 ε_1，其表征着转子压紧配流盘的程度。双转子液压变压器双侧柱塞数

为 2×9 个且配流窗口均布时 ε_1 可表示为

$$\varepsilon_1 = \frac{\Delta F_{pdm}}{F_{pt}} = 1 - \frac{\left(\dfrac{2\pi}{3} - \Delta\alpha + \dfrac{\Delta^2\alpha}{\alpha}\right)\left(\dfrac{R_4^2 - R_3^2}{\ln\dfrac{R_4}{R_3}} - \dfrac{R_2^2 - R_1^2}{\ln\dfrac{R_2}{R_1}}\right)}{3\pi d^2} \qquad (3\text{-}27)$$

剩余压紧系数如果过大，将会造成缸体与配流盘的加速磨损，而过小则导致密封性受损，容积效率下降。为保证转子与配流盘之间的密封性，使泄漏流量最小，转子与配流盘之间的剩余压紧力系数应在 $[0.05, 015]$ 范围内变化[23]。

除此之外，配流盘与转子配流端面的工作与密封特性还取决于转子压紧扭矩与配流盘油膜反推扭矩之间的平衡程度。类似剩余压紧力系数 ε_1，可以得出剩余压紧扭矩系数 ε_2，表示为

$$\varepsilon_2 = \frac{\Delta M_{pdO}}{M_{pO}} = \frac{M_{PO} - M_{dO}}{M_{pO}} = 1 - \frac{8}{9} \times \frac{\left(\dfrac{R_4^3 - R_3^3}{\ln\dfrac{R_4}{R_3}} - \dfrac{R_2^3 - R_1^3}{\ln\dfrac{R_2}{R_1}}\right)\sin\dfrac{\beta_{Av}}{2}}{\pi d^2 R(2\cos\alpha + 1)}$$

$$(3\text{-}28)$$

为保证缸体与配流盘不倾斜、不偏磨，应使缸体与配流盘之间的剩余压紧力矩系数满足在 $[0.06, 0.16]$ 范围内变化[23]。将式 (3-28) 中的各参数用数值代入，可得 $\varepsilon_1 = 0.1$，$\varepsilon_2 = 0.16$，满足配流盘最佳配流要求。

3.7
非盘式变量配流结构的双转子构型液压变压器设计

三窗口液压变压器能够通过改变配流盘相对于斜盘的相对位置来实现对压力、流量的调节。根据转动部件的不同，可分为斜盘固定配流盘可轴向转动调节型与配流盘固定斜盘可轴向转动调节型。这两种类型的液压变压器变量调节的实质都是通过改变配流盘相对于斜盘的相对位置，从而改变液压变压器中驱动部分与负载部分的排量之比实现对压力流量调节的。但是，现有液压变压器在柱塞数量一定的情况下，三个配流窗口将使进入与离开配流窗口时柱塞的

轴向运动速度不连续，造成单个柱塞所产生的流量不连续。液压变压器各口的流量是单个柱塞产生的流量在各个配流盘窗口的叠加，根据流量叠加原理，现有液压变压器的流量、压力波动剧烈，低速稳定性也很差。除此之外，在液压变压器的工作过程中，柱塞旋转一周将经历三种压力变化，压力过渡区在配流盘上的位置随配流盘相对斜盘位置的改变而变化，并且往往不与柱塞轴向运动的止点重合（柱塞在止点处轴向运动速度为零）。因此，当柱塞在进入过渡区时将伴随着明显的轴向运动，从而造成柱塞腔的剧烈膨胀与压缩。由于过渡区中柱塞腔的通流面积很小，因此柱塞腔内的瞬时压力将剧烈变化。瞬时压力的波动不仅会增大流体噪声，还将引起管路振动并加剧机械噪声的产生。

为了克服现有液压变压器中存在的流量波动剧烈、低速工作不稳定、振动噪声大的问题，基于双转子构型的特点研究了差速变量式与多级变量式的液压变压器。在本节中对这两种结构的双转子构型液压变压器的结构原理以及特点进行介绍。

3.7.1　双转子构型差速变量式液压变压器设计

3.7.1.1　双转子构型差速变量式液压变压器的结构

双转子构型差速变量式液压变压器是通过调节转速比实现对液压变压器变压比的控制与调节的。如图 3-18 所示，根据能量守恒定律，输入液压泵/马达 A 的能量等于液压泵/马达 B 输出的能量，输入与输出的液压能的功率可以由压力与流量的乘积来表示。

现有液压变压器（包括 3.3 节所提出的双转子双端面配流液压变压器）都是通过改变两个泵马达单元的排量之比实现对变压比的调节，即如图 3-18 所示的排量 A 与排量 B 之比。这是因为现有液压变压器的两个转子都是同步旋转且转速相同的，这就必然造成只能通过改变两个液压泵/马达单元的排量比来实现对变压比的调节。如果双转子液压变压器的两个转子的转速不再同步，那么通过调节位于两个液压泵/马达转子之间的变速器就能够实现对图 3-18 中流量 A 与流量 B 的调节，从而能够实现液压泵/马达 A 与 B 之间变压比的控制。

双转子差速式液压变压器结构如图 3-19 所示。其中左侧液压泵/

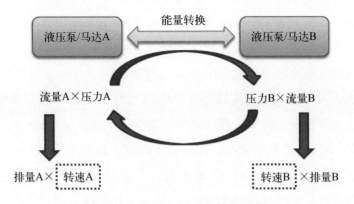

图 3-18　液压变压器的能量转换

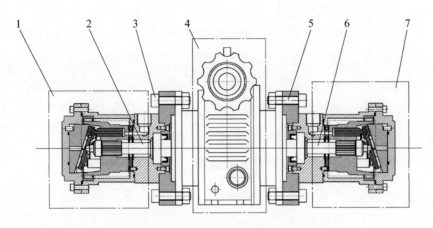

图 3-19　双转子差速式液压变压器结构

1—液压泵/马达 1；2—主轴 1；3—螺栓组 1；4—变速器；

5—螺栓组 2；6—主轴 2；7—液压泵/马达 2

马达 1 通过螺栓组 1 固定在变速器左侧，左侧液压泵/马达 1 的主轴 1 与变速器的左侧输入轴刚性连接；右侧液压泵/马达 2 通过螺栓组 2 固定在变速器右侧，右侧液压泵/马达 2 的主轴 2 与变速器的右侧输入轴刚性连接。左侧液压泵/马达 1 与右侧液压泵/马达 2 各自拥有一个进油口与一个排油口，且左侧液压泵/马达 1 的进油口与液压动力源相连，排油口与液压油箱相连；右侧液压泵/马达 2 的进油口与液压油箱相连，排油口与负载相连。

　　双转子构型差速式液压变压器解决技术问题所采用的技术方案是：在双转子差速式液压变压器的壳体中间设置一个变速器，在该变速器的一端安装一个一定排量的液压泵/马达单元 A，在该变速器的另一端安装一个一定排量的液压泵/马达单元 B，这两个液压泵/马达单元之间的转速比由变速器设定。液压泵/马达单元 A 的输入油口与液压动力源相接，输出油口与液压油箱相连；液压泵/马达单元 B 的输入油口与液压油箱相连，输出油口与负载相连。在液压动力源压力恒定的情况下，通过调节变速器增大液压泵/马达单元 A 与液压泵/马达单元 B 的速比，能够提高液压变压器的变压比；通过调节变速器减小液压泵/马达单元 A 与液压泵/马达单元 B 的速比，能够降低差速式液压变压器的变压比。当调节变速器降低变速比时，液压泵/马达单元 A 与液压泵/马达单元 B 的理论流量之比将降低，又根据能量守恒定律，输入液压泵/马达单元 A 的能量等于液压泵/马达单元 B 输出的液压能，因此差速式液压变压器的变压比将随两侧转子的速比同步变化。从而通过调节变速器的速比能够实现双转子差速式液压变压器变压比的调节。双转子差速式变量调节方案不仅结构简单，而且能够实现变压比无级调控，并可有效降低波动、提高工作稳定性、降低振动与噪声水平。

3.7.1.2 双转子差速式液压变压器的原理

现有集成型液压变压器的变压比都是受配流盘旋转角控制的，而双转子差速式液压变压器的变压比则取决于两转子之间的速比。假设图 3-18 所示液压泵/马达单元 A 的输入能量为 P_A，液压泵/马达单元 B 的输出能量为 P_B，理论功率可表示为

$$\begin{cases} P_A = Q_A p_A = V_A n_A p_A \\ P_B = Q_B p_B = V_B n_B p_B \end{cases} \tag{3-29}$$

式中 P_A——液压泵/马达单元 A 输入的能量；

         P_B——液压泵/马达单元 B 输出的能量；

         Q_A——液压泵马达单元 A 的流量；

         Q_B——液压泵马达单元 B 的流量；

         p_A——液压泵马达单元 A 的压力；

         p_B——液压泵马达单元 B 的压力；

         V_A——液压泵马达单元 A 的排量；

         V_B——液压泵马达单元 B 的排量；

n_A——液压泵马达单元 A 的转速；

n_B——液压泵马达单元 B 的转速。

在理想状态下（忽略摩擦以及泄漏的影响），输入功率等于输出功率，即 $P_A = P_B$，那么根据泵马达的功率计算公式[式(3-29)]可以得到差速式液压变压器的变压比 λ 的公式，如下所示。

$$\lambda = \frac{p_A}{p_B} = \frac{Q_B}{Q_A} = \frac{V_B n_B}{V_A n_A} = V_\lambda n_\lambda \tag{3-30}$$

式中　n_λ——调速比，取决于差速式液压变压器中间的变速器；

V_λ——排量系数，取决于差速式液压变压器两侧马达的结构形式。

图 3-18 中所示液压泵/马达单元 A 与液压泵/马达单元 B 理论上可以是不同结构形式。当差速式液压变压器一侧的泵/马达单元 A 结构形式为轴向柱塞式泵/马达，另一侧的泵/马达单元 B 也为轴向柱塞泵/马达时，排量系数 V_λ 可以表示为

$$V_\lambda = \frac{V_B}{V_A} = \frac{\frac{1}{2}\pi d_{01}^2 z_{01} R_{01} \tan\gamma_{01}}{\frac{1}{2}\pi d_{02}^2 z_{02} R_{02} \tan\gamma_{02}} = \frac{d_{01}^2 z_{01} R_{01} \tan\gamma_{01}}{d_{02}^2 z_{02} R_{02} \tan\gamma_{02}} \tag{3-31}$$

式中　d_{01}, d_{02}——泵/马达单元 A 和 B 均为轴向柱塞式时的柱塞直径；

z_{01}, z_{02}——泵/马达单元 A 和 B 均为轴向柱塞式时的柱塞数量；

R_{01}, R_{02}——泵/马达单元 A 和 B 均为轴向柱塞式时的柱塞分布圆半径；

γ_{01}, γ_{02}——泵/马达单元 A 和 B 均为轴向柱塞式时的斜盘倾角。

需要说明的是，式(3-31)中下标 01 代表泵/马达单元 A 中的结构参数，下标 02 代表泵/马达单元 B 中的结构参数，下文中不再赘述。当差速式液压变压器一侧的泵/马达单元 A 结构形式为轴向柱塞式泵/马达，另一侧的泵/马达单元 B 结构形式为径向柱塞泵/马达时，排量系数 V_λ 可以表示为

$$V_\lambda = \frac{V_B}{V_A} = \frac{\frac{1}{2}\pi d_{01}^2 z_{01} R_{01} \tan\gamma_{01}}{\frac{1}{2}\pi d_{02}^2 e_{02} z_{02}} = \frac{d_{01}^2 z_{01} R_{01} \tan\gamma_{01}}{d_{02}^2 e_{02} z_{02}} \tag{3-32}$$

式中 e_{02}——泵/马达单元 B 为径向柱塞式时的偏心轮偏心距。

当差速式液压变压器一侧的泵/马达单元 A 结构形式为轴向柱塞式泵/马达，另一侧的泵/马达单元 B 结构形式为齿轮泵/马达时，排量系数 V_λ 可以表示为

$$V_\lambda = \frac{V_B}{V_A} = \frac{\frac{1}{2}\pi d_{01}^2 z_{01} R_{01}\tan\gamma_{01}}{2\pi z_{02} m_{02}^2 b_{02}} = \frac{d_{01}^2 z_{01} R_{01}\tan\gamma_{01}}{4 z_{02} m_{02}^2 b_{02}} \tag{3-33}$$

式中 m_{02}——泵/马达单元 B 为齿轮式时的轮齿的模数；

b_{02}——泵/马达单元 B 为齿轮式时的轮齿的宽度。

当差速式液压变压器一侧的泵/马达单元 A 结构形式为轴向柱塞式泵/马达，另一侧的泵/马达单元 B 结构形式为叶片泵/马达时，排量系数 V_λ 可以表示为

$$V_\lambda = \frac{V_B}{V_A} = \frac{\frac{1}{2}\pi d_{01}^2 z_{01} R_{01}\tan\gamma_{01}}{2\pi B_{02}(R_{02}-r_{02})\left[(R_{02}-r_{02})-\frac{s_{02}z_{02}}{\pi\cos\theta_{02}}\right]} \tag{3-34}$$

$$= \frac{d_{01}^2 z_{01} R_{01}\tan\gamma_{01}}{4 B_{02}(R_{02}-r_{02})\left[(R_{02}-r_{02})-\frac{s_{02}z_{02}}{\pi\cos\theta_{02}}\right]}$$

式中 B_{02}——泵/马达单元 B 为叶片式时的定子宽度；

R_{02}——泵/马达单元 B 为叶片式时的定子大圆弧半径；

r_{02}——泵/马达单元 B 为叶片式时的定子小圆弧半径；

s_{02}——泵/马达单元 B 为叶片式时的叶片厚度；

z_{02}——泵/马达单元 B 为叶片式时的叶片数量。

当差速式液压变压器一侧的泵/马达单元 A 结构形式为径向柱塞式泵/马达，另一侧的泵/马达单元 B 结构形式为轴向柱塞式泵/马达时，排量系数 V_λ 可以表示为

$$V_\lambda = \frac{V_B}{V_A} = \frac{\frac{1}{2}\pi d_{01}^2 e_{01} z_{01}}{\frac{1}{2}\pi d_{02}^2 z_{02} R_{02}\tan\gamma_{02}} = \frac{d_{01}^2 e_{01} z_{01}}{d_{02}^2 z_{02} R_{02}\tan\gamma_{02}} \tag{3-35}$$

当差速式液压变压器一侧的泵/马达单元 A 结构形式为径向柱塞式泵/马达，另一侧的泵/马达单元 B 结构形式也为径向柱塞式泵/马达时，排量系数 V_λ 可以表示为

$$V_\lambda = \frac{V_B}{V_A} = \frac{\dfrac{1}{2}\pi d_{01}^2 e_{01} z_{01}}{\dfrac{1}{2}\pi d_{02}^2 e_{02} z_{02}} = \frac{d_{01}^2 e_{01} z_{01}}{d_{02}^2 e_{02} z_{02}} \tag{3-36}$$

当差速式液压变压器一侧的泵/马达单元 A 结构形式为径向柱塞式泵/马达，另一侧的泵/马达单元 B 结构形式为齿轮式泵/马达时，排量系数 V_λ 可以表示为

$$V_\lambda = \frac{V_B}{V_A} = \frac{\dfrac{1}{2}\pi d_{01}^2 e_{01} z_{01}}{2\pi z_{02} m_{02}^2 b_{02}} = \frac{d_{01}^2 e_{01} z_{01}}{4 z_{02} m_{02}^2 b_{02}} \tag{3-37}$$

当差速式液压变压器一侧的泵/马达单元 A 结构形式为径向柱塞式泵/马达，另一侧的泵/马达单元 B 结构形式为叶片式泵/马达时，排量系数 V_λ 可以表示为

$$V_\lambda = \frac{V_B}{V_A} = \frac{\dfrac{1}{2}\pi d_{01}^2 e_{01} z_{01}}{2\pi B_{02}(R_{02}-r_{02})\left[(R_{02}-r_{02})-\dfrac{s_{02} z_{02}}{\pi\cos\theta_{02}}\right]} \tag{3-38}$$

$$= \frac{d_{01}^2 e_{01} z_{01}}{4 B_{02}(R_{02}-r_{02})\left[(R_{02}-r_{02})-\dfrac{s_{02} z_{02}}{\pi\cos\theta_{02}}\right]}$$

当差速式液压变压器一侧的泵/马达单元 A 结构形式为齿轮式泵/马达，另一侧的泵/马达单元 B 结构形式为轴向柱塞式泵/马达时，排量系数 V_λ 可以表示为

$$V_\lambda = \frac{V_B}{V_A} = \frac{2\pi z_{01} m_{01}^2 b_{01}}{\dfrac{1}{2}\pi d_{02}^2 z_{02} R_{02}\tan\gamma_{02}} = \frac{4 z_{02} m_{02}^2 b_{02}}{d_{02}^2 z_{02} R_{02}\tan\gamma_{02}} \tag{3-39}$$

当差速式液压变压器一侧的泵/马达单元 A 结构形式为齿轮式泵/马达，另一侧的泵/马达单元 B 结构形式为径向柱塞式泵/马达时，排量系数 V_λ 可以表示为

$$V_\lambda = \frac{V_B}{V_A} = \frac{2\pi z_{01} m_{01}^2 b_{01}}{\dfrac{1}{2}\pi d_{02}^2 e_{02} z_{02}} = \frac{4\pi z_{01} m_{01}^2 b_{01}}{d_{02}^2 e_{02} z_{02}} \tag{3-40}$$

当差速式液压变压器一侧的泵/马达单元 A 结构形式为齿轮式泵/马达，另一侧的泵/马达单元 B 结构形式也为齿轮式泵/马达时，排量系数 V_λ 可以表示为

$$V_\lambda = \frac{V_B}{V_A} = \frac{2\pi z_{01} m_{01}^2 b_{01}}{2\pi z_{02} m_{02}^2 b_{02}} = \frac{z_{01} m_{01}^2 b_{01}}{z_{02} m_{02}^2 b_{02}} \qquad (3\text{-}41)$$

当差速式液压变压器一侧的泵/马达单元 A 结构形式为齿轮式泵/马达，另一侧的泵/马达单元 B 结构形式为叶片式泵/马达时，排量系数 V_λ 可以表示为

$$
\begin{aligned}
V_\lambda = \frac{V_B}{V_A} &= \frac{2\pi z_{01} m_{01}^2 b_{01}}{2\pi B_{02}(R_{02} - r_{02})\left[(R_{02} - r_{02}) - \dfrac{s_{02} z_{02}}{\pi \cos\theta_{02}}\right]} \\
&= \frac{z_{01} m_{01}^2 b_{01}}{B_{02}(R_{02} - r_{02})\left[(R_{02} - r_{02}) - \dfrac{s_{02} z_{02}}{\pi \cos\theta_{02}}\right]}
\end{aligned}
\qquad (3\text{-}42)
$$

当差速式液压变压器一侧的泵/马达单元 A 结构形式为叶片式泵/马达，另一侧的泵/马达单元 B 结构形式为轴向柱塞式泵/马达时，排量系数 V_λ 可以表示为

$$
\begin{aligned}
V_\lambda = \frac{V_B}{V_A} &= \frac{2\pi B_{01}(R_{01} - r_{01})\left[(R_{01} - r_{01}) - \dfrac{s_{01} z_{01}}{\pi \cos\theta_{01}}\right]}{\dfrac{1}{2}\pi d_{02}^2 z_{02} R_{02} \tan\gamma_{02}} \\
&= \frac{4 B_{01}(R_{01} - r_{01})\left[(R_{01} - r_{01}) - \dfrac{s_{01} z_{01}}{\pi \cos\theta_{01}}\right]}{d_{02}^2 z_{02} R_{02} \tan\gamma_{02}}
\end{aligned}
\qquad (3\text{-}43)
$$

当差速式液压变压器一侧的泵/马达单元 A 结构形式为叶片式泵/马达，另一侧的泵/马达单元 B 结构形式为径向柱塞式泵/马达时，排量系数 V_λ 可以表示为

$$
\begin{aligned}
V_\lambda = \frac{V_B}{V_A} &= \frac{2\pi B_{01}(R_{01} - r_{01})\left[(R_{01} - r_{01}) - \dfrac{s_{01} z_{01}}{\pi \cos\theta_{01}}\right]}{\dfrac{1}{2}\pi d_{02}^2 e_{02} z_{02}} \\
&= \frac{4 B_{01}(R_{01} - r_{01})\left[(R_{01} - r_{01}) - \dfrac{s_{01} z_{01}}{\pi \cos\theta_{01}}\right]}{d_{02}^2 e_{02} z_{02}}
\end{aligned}
\qquad (3\text{-}44)
$$

当差速式液压变压器一侧的泵/马达单元 A 结构形式为叶片式泵/马达，另一侧的泵/马达单元 B 结构形式为齿轮式泵/马达时，排量系数 V_λ 可以表示为

$$V_\lambda = \frac{V_B}{V_A} = \frac{2\pi B_{01}(R_{01}-r_{01})\left[(R_{01}-r_{01})-\dfrac{s_{01}z_{01}}{\pi\cos\theta_{01}}\right]}{2\pi z_{02}m_{02}^2 b_{02}} \tag{3-45}$$

$$= \frac{B_{01}(R_{01}-r_{01})\left[(R_{01}-r_{01})-\dfrac{s_{01}z_{01}}{\pi\cos\theta_{01}}\right]}{z_{02}m_{02}^2 b_{02}}$$

当差速式液压变压器一侧的泵/马达单元 A 结构形式为叶片式泵/马达，另一侧的泵/马达单元 B 结构形式也为叶片式泵/马达时，排量系数 V_λ 可以表示为

$$V_\lambda = \frac{V_B}{V_A} = \frac{2\pi B_{01}(R_{01}-r_{01})\left[(R_{01}-r_{01})-\dfrac{s_{01}z_{01}}{\pi\cos\theta_{01}}\right]}{2\pi B_{02}(R_{02}-r_{02})\left[(R_{02}-r_{02})-\dfrac{s_{02}z_{02}}{\pi\cos\theta_{02}}\right]} \tag{3-46}$$

$$= \frac{B_{01}(R_{01}-r_{01})\left[(R_{01}-r_{01})-\dfrac{s_{01}z_{01}}{\pi\cos\theta_{01}}\right]}{B_{02}(R_{02}-r_{02})\left[(R_{02}-r_{02})-\dfrac{s_{02}z_{02}}{\pi\cos\theta_{02}}\right]}$$

由式(3-30) 以及式(3-31)～式(3-46)可以看出，通过选择不同结构的泵/马达结构可以适应不同的转速范围。差速式液压变压器内作为泵/马达的部分的排量可以不改变，仅通过改变变速比即可实现对变压比的调节，变压比将随变速比线性变化，如图 3-20(a) 所示，变压比的斜率取决于排量系数 V_λ。事实上差速式液压变压器还可以通过同时改变排量与变速比的方法扩大液压变压器的工作范围，排量突然改变后的理论变压比特性如图 3-20(b) 所示。

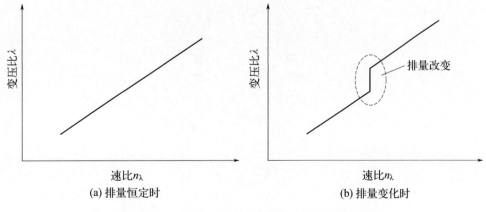

图 3-20　差速式变压器的理论变压比特性

3.7.2　双转子构型多级变量式液压变压器

3.7.2.1　双转子构型多级变量式液压变压器的结构

为了克服现有液压变压器中存在的体积与重量大、效率低、变压比调节范围小的问题，基于双转子构型原理提出了一种结构紧凑且能够多级变量的双转子构型多级变量式液压变压器，其结构如图 3-21～图 3-23 所示。

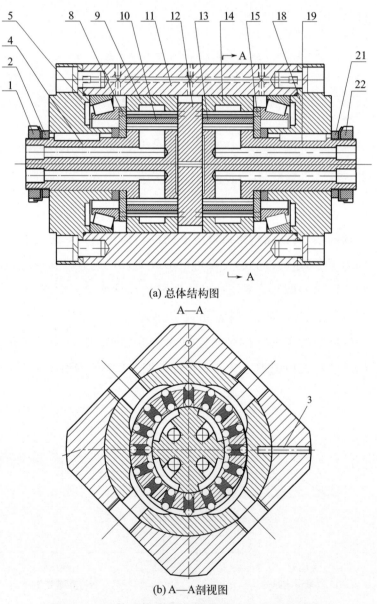

(a) 总体结构图

(b) A—A剖视图

图 3-21　双转子构型多级变量式液压变压器结构

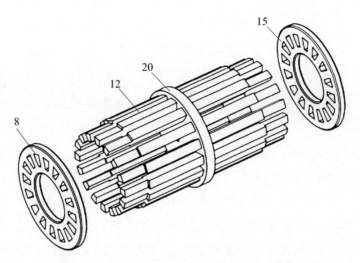

图 3-22 双转子多级式液压变压器转子结构示意

　　双转子多级式液压变压器能够实现液变压比的大范围、多级调节，且具有结构紧凑、体积小、重量轻以及低波动的特点。主要包括壳体、芯体 12、左外定子 9、右外定子 14 以及右内定子 19；其中壳体由筒状外壳 11 以及封堵在筒状外壳 11 两端的左端盖 5 和右端盖 18 组成，筒状外壳 11 的内部为圆面，左端盖 5 以及右端盖 18 通过螺栓 23 固定在壳体的外壳 11 的端部；芯体 12 设置在壳体内，其包括圆柱状的短轴 25 以及对称设置在短轴 20 两端面上的左内定子腔和右内定子腔，左内定子腔与右内定子腔对称设置；左内定子腔为由若干个端部固定在短轴 20 的左端面上的插杆间隔围合而成圆柱腔，每个插杆的截面为扇形截面。在两个插杆之间设置有左侧叶片组 10，左侧叶片组 10 均超出左内定子腔的内、外腔面，右内定子腔的结构与左内定子腔的结构对称，相同的方式设置有右侧叶片组 13；左右两定子腔的中心线和短轴 20 的中心线以及壳体外壳 11 的中心线重合。

　　双转子构型多级变量式液压变压器的转子部分包括左挡圈 8 和右挡圈 15，如图 3-22 所示，其中左挡圈 8 上开有与左内定子腔的插杆对应的插杆孔，左挡圈 8 套设在左内定子上并通过插杆孔插设在芯体 12 的左内定子腔内；在左内定子腔上设有挡圈阶，左挡圈 8 抵靠在挡圈阶上。右挡圈 15 为同样的结构，其与左挡圈 8 以同样的方式安装在右内定子腔上。安装好后，穿设在芯体 12 的左内定子腔上的左挡圈 8 的右面恰好抵靠在左外定子 9 的左端面上以及左外定子 9 的最右端的轴肩上。右挡圈 15 对称设置。在壳体的左端盖 5 上设有伸向壳体内的凸棱，用以压紧左挡圈 8，该凸棱为设置在左端盖 5 上的一圈环形凸棱，其从芯体 12 的左内定子腔的内部深入，抵压在左挡圈 8 上。同样地，右端盖上设有一圈环形凸棱，以相同的方式抵压在右挡圈 15 上。左内定子腔上的叶片组位于左挡圈 8 与短轴 20 之间，右内定子腔上的叶片组位于右挡圈 15 与短轴 20 之间。

左内定子如图 3-23(a) 所示，左内定子 19 左端从壳体的左端盖 5 穿出，并通过旋拧在穿出端上的左螺母 1 将左内定子 4 固定在左端盖 5 上，左螺母 1 与左端盖 5 之间设有左调整套 2。左内定子 4 穿出端的端面上开有第二油孔 6。左内定子 4 的右端延伸在芯体 12 的左内定子腔内，并且右端的端面抵靠在位于左定子腔内的短轴 20 的左端面上。左定子 10 位于左内定子腔内的轴面上开有若干第二凹槽 7，第二凹槽 7 与左外定子 9 上的第一凹槽 17 对应设置。在每个左内定子 4 的每个第二凹槽 7 的位置开有第三油孔。第二油孔 6 与第三油孔通过左内定子 4 内部的管路相连通。而未设置第二凹槽 7 的左内定子 4 的外面与左内定子腔内表面上的叶片组的边缘相贴合，使得第二凹槽 7 与叶片组形成容纳液压油的油腔，如图 3-23(b) 所示。右内定子 19 与左内定子 4 的结构相同，两者对称设置，固定右内定子 19 的为右螺母 22，设置在右螺母 22 与右内定子 19 之间的为右调整套 21。

左外定子如图 3-23(b) 所示，左外定子 9 为圆环状结构，其环套在芯体 12 的左定子腔外，并通过圆柱销 3 固定在壳体外壳 11 的内壳面上。在左外定子 9 的内表面，沿周向上均匀开有若干第一凹槽 17，在左外定子 9 的每个第一凹槽 17 的位置开有第一油孔 16，与第一油孔 16 相对位置的壳体的外壳上开有配油孔。安装在芯体 12 上的左外定子 9 要与左内定子腔外表面上的叶片组 10 的边缘贴合，这样第一凹槽 17 与叶片组就会形成液压油腔，如图 3-23(b) 所示。右外定子 14 与左外定子 9 的结构相同，在此不做过多的描述。右外定子 14 与左外定子 9 对称设置。除此之外，转子叶片式多级变量液压变压器中的短轴 20 的轴面要高于左内定子腔和右内定子腔外的叶片组

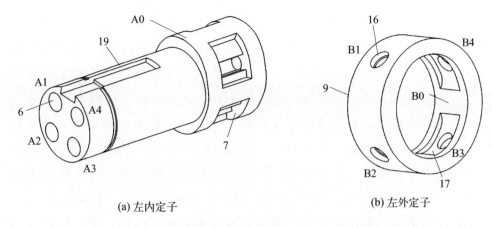

(a) 左内定子   (b) 左外定子

图 3-23   双转子构型多级变量式液压变压器的左定子结构

边缘的高度，使左内定子 4 的右端面抵靠在芯体 12 的短轴 20 的左端
面上。左内定子 4 为阶梯轴，且位于最右端，轴径大于其余段的轴
径，最右端轴的宽度与左外定子 9 的宽度相等。同样地，右内定子
19 与左内定子 4 的结构相同，并与左内定子 4 对称设置。

3.7.2.2 双转子构型多级变量式液压变压器的工作原理

双转子构型多级变量式液压变压器中左内定子上分别开有 4 个
第二油孔，分别为 A1、A2、A3、A4，相对地有四个第三油孔，其
中 1 个第三油孔为 A0。左外定子 14 周面上对应地开有 4 个第一油
孔，分别为 B1、B2、B3、B4。从而可以由左内定子 4、芯体 12、左
挡圈 8 以及左侧叶片组 10 在局部形成 2 个小排量的叶片泵/马达结
构。左内定子 4 内部的 4 个通油口分别为上述局部形成的 2 个叶片
泵/马达的进、出油口，可独立与外部管路连接，其中 A1 与 A2 通油
口分别作为进、排油口，对应其中一个叶片泵/马达，A3 与 A4 通油
口分别作为进、排油口，对应另一个叶片泵/马达。也可以由左外定
子 9、芯体 12、左挡圈 8 以及左侧叶片组 10 在局部形成 2 个大排量
的叶片泵/马达结构，外壳体 11 表面的 4 个通油口分别为上述局部形
成的两个大排量的叶片泵/马达的进、出油口，可独立与外部管路连
接。其中 B1 与 B2 通油口分别作为进、排油口，对应其中一个叶片
泵/马达，B3 与 B4 通油口分别作为进、排油口，对应另一个叶片
泵/马达。

该液压变压器具有左右对称的结构，在右侧同样有 2 个小排量的叶片泵/马达结构与 2 个大排量的叶片泵/马达结构。从而，在该液压变压器内部共形成 4 个小排量叶片泵/马达与 4 个大排量叶片泵/马达。这些泵/马达的排量取决于各自所对应的定子曲线的形状，每个叶片泵/马达结构所对应的通油口均可独立与外部管路连接。双转子叶片式多级变量液压变压器在使用时，通过相应的控制系统，可以将不同数量的泵/马达的进油口连通，使压力油液进入，这部分泵/马达起液压马达的功能；同时将一定数量的泵/马达的排油口连通，对外负载输出油液，这部分泵/马达起液压泵的功能；其余通油口与油箱连接。从而，在外部输入压力油液的驱动下，液压变压器内部作为液压马达的部分将驱动液压泵的部分旋转，同时对外输出不同压力和流量的液压油；当作为马达工作的只有 A1 与 A2 油口所对应的叶片泵/马达结构，而其余叶片泵/马达结构均作为泵工作对外输出油液时，液压变压器的变压比最小；当作为泵工作对外输出油液的只有 A1 与 A2 所对应的叶片泵/马达结构，其余泵/马达结构均作为马达工作时，液压变压器的变压比最大；通过控制不同数量的上述通油口连接在一起形成马达输入油液，控制不同数量的通油口连接在一起形成泵输出油液，其余通油口接油箱，可实现多级变压比，变压比介于前两种情况之间。

为了更好地研究双转子构型多级变量式液压变压器的工作特性，需要首先明确其职能符号，以便绘制工作原理图。根据其结构特点绘制双转子构型多级变量式液压变压器的职能符号，参考相关国家标准的画法对其职能符号做出以下规定。

① 由多种排量的泵/马达单元组成的双转子构型多级变量式液压变压器称为 T_1-T_2-$\cdots$-T_R 液压变压器，$T_1 \sim T_R$ 分别为相同排量的泵/马达单元数量，且 T_R 最大，T_1 最小。

② 规定在一个壳体内形成几个泵/马达单元，就在圆圈内画几对三角符号；内泵/马达单元使用双圆圈来区分，并用同轴符号将圆圈连接。双转子 2-2 多级变量液压变压器如图 3-24 所示。

在规定了双转子构型多级变量式液压变压器的职能符号以后，可以研究其工作方式。双转子 2-2 多级变量式液压变压器的部分工作方式如图 3-25 所示。

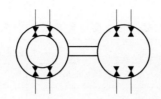

图 3-24　双转子 2-2 多级变量液压变压器

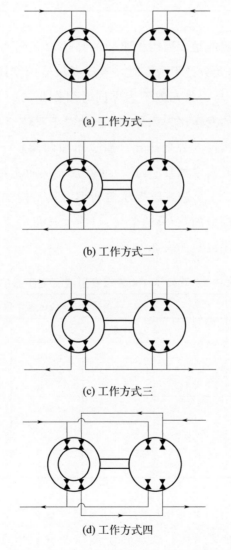

(a) 工作方式一

(b) 工作方式二

(c) 工作方式三

(d) 工作方式四

图 3-25　双转子 2-2 多级变量式液压变压器的部分工作方式

　　可以看出通过组合其内部不同排量的泵/马达单元，能够实现多级变压比，其完整的工作方式如表 3-1 所示。

表 3-1　双转子 2-2 多级变量液压变压器完整的工作方式

大排量泵/马达单元数量	小排量泵/马达单元数量		
	0个	1个	2个
0个		√	√
1个	√	√	√
2个	√	√	√

　　需要说明的是，当用作驱动的马达单元数为零且用作输出油液的泵/马达单元数量不为零时，液压变压器的变压比为零；当用作输出油液的泵/马达单元数不为零同时用作驱动的马达单元数为零时，液压变压器的变压比为无穷大。因此对于双转子 2-2 多级变量液压变压器其能够实现 6 种变压比。通过增加两侧转子所对应的定子曲线作用数能够成倍增加泵/马达单元数量，从而实现更多的变压比。以双转子 4-4 多级变量液压变压器为例，其结构如图 3-21 所示，其中包含 4 个小排量的泵/马达单元，4 个大排量的泵/马达单元结构，能够实现的工作方式如表 3-2 所示。

表 3-2　双转子 4-4 多级变量液压变压器的工作方式

大排量泵/马达单元数量	小排量泵/马达单元数量				
	0个	1个	2个	3个	4个
0个		√	√	√	√
1个	√	√	√	√	√
2个	√	√	√	√	√
3个	√	√	√	√	√
4个	√	√	√	√	√

　　可以看出加上变压比为零与无限大这两种极端情况，其一共能够实现 18 种变压比。在双转子多级变量液压变压器中能够形成的泵/马达数量由内定子与外定子表面轮廓的凸起数量决定，当凸起数量增多时所能形成的大、小泵/马达单元数量将增加。双转子 6-6 多

级变量液压变压器能够实现 38 种变压比，双转子 8-8 多级变量液压
变压器能够实现 66 种变压比。

3.8
小结

　　本章提出了一种双端面配流的双转子配流机构，采用液压回转
接头原理，解决了传统配流盘转动型液压变压器中存在的节流问题。
提出双转子构型差速变量式以及双转子多级变量式液压变压器，阐
述了其变量调节机构的设计要点、结构原理以及特性。阐明了新型
双转子配流机构的工作原理，分析了配流机构的受力特性，包括由
柱塞腔中油液压力产生的转子压紧力和转子与配流盘之间油膜压力
场产生的液压支撑力，得到了配流盘与转子配流端面的剩余压紧力
与剩余压紧力矩系数，为液压变压器动力学建模奠定了基础。除此
之外，本章还提出了双转子构型差速式液压变压器与双转子构型多
级变量式液压变压器的设计实例，丰富了双转子构型液压变压器研
究的思路。

第 **4** 章

双转子液压变压器压力特性研究

　　压力特性是液压变压器的关键参数之一，其决定着液压变压器的工作范围。由本书第 2 章的研究可知，液压变压器的体积流量变化不均匀，流量的波动必将产生压力的波动。压力波动的增大不仅不利于工作稳定性，在很大程度上还将造成流体噪声与机械噪声的增加。因此，有必要对液压变压器的压力特性进行深入研究。

　　在液压变压器的工作过程中，压力与转速是相互耦合的，转子的受力状态复杂且所受扭矩随转速、控制角以及配流窗口包角等参数的改变而变化。因此，仅通过运动学分析得到的代数方程很难考虑压力与转速之间的相互影响，不利于研究不同工况下液压变压器压力特性的变化规律。因此，在对液压变压器压力特性进行系统性的研究的过程中，需要综合考虑转子的动力学特性以及流体的配流特性，建立统一的液压变压器模型。

　　在本章的研究中，将根据液压变压器的结构特点，建立液压变压器的压力转速耦合模型。通过转子的动力学模型获得柱塞所产生的瞬时扭矩、摩擦阻力矩以及转子瞬时角速度。通过流体模型求解排油压力以及柱塞腔内的瞬时压力。模型还通过 1D 质量守恒方程与动量方程建立了管路模型。通过仿真获得了液压变压器柱塞腔内瞬时压力特性、排油压力特性以及变压比特性。旨在通过精确的模型获得控制角、转速、斜盘倾角、配流盘包角等参数对瞬时压力以及变压比的影响规律，确定液压变压器的工作范围以改善其压力特性，同时为液压变压器的设计与改进提供一种有效的方法。

4.1
液压变压器的压力调节工作原理

　　在工作过程中，由于液压变压器的配流盘上有三个通流窗口，因此一些区域具有马达的功能，另一些区域则具有泵的功能。其工作原理可以通过以下公式来表达。

$$T_A + T_B + T_T - T_f = J\alpha \tag{4-1}$$

式中　　　　J——缸体的转动惯量；

　　　　　　α——缸体的角加速度；

T_f——总的摩擦扭矩；

T_A，T_B 和 T_T——A、B 和 T 配流窗口范围内柱塞所产生的扭矩。

每个配流窗口处所产生的柱塞扭矩都可以表示为排量和压力的乘积。

$$T_A = p_A V_{gA} = p_A \frac{d_p^2}{8} z R 2 \sin\frac{\alpha_A}{2} \sin\left(\delta + \frac{\pi}{3}\right) \tan\gamma \qquad (4\text{-}2)$$

$$T_B = -p_B V_{gB} = -p_B \frac{d_p^2}{8} z R 2 \sin\frac{\alpha_B}{2} \sin\left(\frac{\alpha_T}{2} + \delta + \frac{\pi}{3}\right) \tan\gamma \qquad (4\text{-}3)$$

$$T_T = p_T V_{gT} = p_T \frac{d_p^2}{8} z R 2 \left[\sin\frac{\alpha_B}{2}\sin\left(\frac{\alpha_T}{2} + \delta + \frac{\pi}{3}\right) - \sin\frac{\alpha_A}{2}\sin\left(\delta + \frac{\pi}{3}\right)\right]\tan\gamma$$

$$(4\text{-}4)$$

根据式（4-1）～式（4-4），液压变压器的变压比可以表示为

$$\Pi = \frac{p_B}{p_A} = \frac{k_1}{k_2} + \frac{p_T}{p_A} \times \frac{k_2 - k_1}{k_2} + \frac{T_f + J\alpha}{p_A k_2} \qquad (4\text{-}5)$$

式中，$k_1 = \sin\frac{\alpha_A}{2}\sin\left(\delta + \frac{\pi}{3}\right)$，$k_2 = \sin\frac{\alpha_B}{2}\sin\left(\frac{\alpha_T}{2} + \delta + \frac{\pi}{3}\right)$。

可以看出，通过调节作用在转子上的扭矩来控制液压变压器的压力比，从而使其能够降低和放大压力，这与对应的节流阀不同。此外，变压比是由多个因素决定的，例如控制角、斜盘倾角以及配流盘通流截面包角。此外，转速对摩擦扭矩也有很大影响，从而影响变压比。由于液压变压器的转速与压力之间是相互影响的，对液压变压器在不同转速与控制角工况下的压力特性进行研究时，需要建立液压变压器统一的模型并对压力与转速进行耦合求解。下面首先建立双转子液压变压器的模型，包括流体模型、瞬时角速度模型以及管路动态模型。

4.2
双转子液压变压器的压力转速模型

在液压变压器的工作过程中，转子中同时存在"驱动"柱塞与"负载"柱塞，由"驱动"柱塞所产生的扭矩与转子转速方向一致，而"负载"柱塞所产生的扭矩与转子旋转方向相反。转子在"驱动"

柱塞的正向扭矩作用下工作，同时转子的旋转将带动"负载"柱塞对外输出流量与压力。除此之外，转子在转动过程中还将受到摩擦阻力矩的影响。转速对摩擦阻力矩以及柱塞腔内瞬时压力具有显著影响。由于液压变压器的转速与压力之间是相互影响的，因此对液压变压器不同转速与控制角工况下的压力特性进行研究时，需要建立液压变压器统一的模型并对压力与转速进行耦合求解。下面首先建立双转子液压变压器的模型，包括流体模型、瞬时角速度模型以及管路动态模型。

4.2.1　液压变压器的流体模型

液压变压器工作在 CPR 系统中时的模型如图 4-1 所示。在模型中，液压变压器由 CPR 驱动，并由一个节流阀加载。在柱塞旋转一周的过程中，柱塞容腔将经过 CPR 与负载压力区，柱塞容腔中的瞬时油液压力也将随之改变。

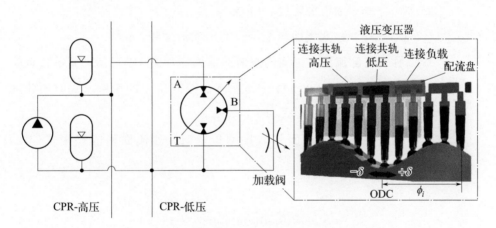

图 4-1　液压变压器工作在 CPR 系统中时的模型

柱塞容腔内的瞬时压力 p_i 的变化率能够通过油液体积模量的定义获得。

$$\frac{\mathrm{d}p_i}{\mathrm{d}t} = -\frac{E}{V_{\mathrm{pc}}}(q_{\mathrm{g}} + q_i - q_1) \tag{4-6}$$

式中　t——时间，s；

　　　E——油液的体积弹性模量，Pa；

　　　V_{pc}——任意时刻柱塞腔的容积，m^3；

q_g——体积流量，m^3/s；

q_i——第 i 个柱塞的排油流量，m^3/s；

q_1——各摩擦副的泄漏流量，m^3/s。

体积流量 q_g 是由于柱塞轴向运动而产生的，根据液压变压器的结构特点，q_g 可以表达为

$$q_g = \frac{\pi d_p^2}{4} \omega_r R \tan\gamma \sin\phi_i \qquad (4-7)$$

由第 i 个柱塞所产生的排油流量不仅取决于与该柱塞相连的窗口内的压力，还取决于该柱塞与所接通窗口间的通流面积。排油流量 q_i 可以表达为

$$q_i = \text{sign}(p_d - p_i) C_d S \sqrt{\frac{2|p_d - p_i|}{\rho}} \qquad (4-8)$$

式中 p_d——与柱塞相连的配流窗口内的压力，Pa；

C_d——无量纲流量系数；

ρ——油液的密度，kg/m^3；

S——柱塞端面与配流口间的通流面积，m^2。

柱塞与配流窗口之间的瞬时通流面积如图 4-2 所示，其不仅取决于柱塞的位置角 ϕ_i，还将受到配流盘控制角 δ 的影响。瞬时通流面积 S_p 可通过式(4-4)~式(4-6) 计算。

当柱塞的通流端面与减振槽重合时，通流面积能够用式(4-9) 计算。

$$S_p = Rr\theta_i \sin\beta_d \arctan \frac{R\theta_i \tan\dfrac{\alpha_d}{2} \tan\beta_d}{r} \qquad (4-9)$$

式中 r——腰形配流槽的宽度半径，m；

θ_i——柱塞相对于固定在配流盘上的移动坐标系的位置角，rad，$\theta_i = \phi_i - 2\pi + \phi_0 - \delta_0$。

当柱塞由位置 2 转动至位置 3 时，柱塞端面与腰形窗口将出现重合，此时，通流面积可以通过式(4-10) 计算。

$$S_p = (R\theta_i - 2r) \sqrt{Rr\theta_i - \frac{R^2\theta_i^2}{4}} + 2r^2 \arcsin \frac{R\theta_i - 2r}{2r} + \pi r^2$$

$$(4-10)$$

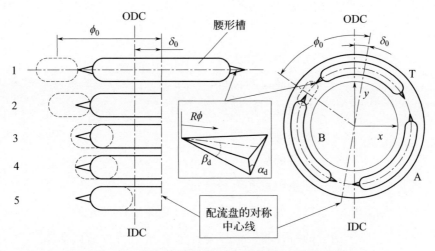

图 4-2　柱塞与配流窗口之间的瞬时通流面积

IDC—内止点；ODC—外止点；ϕ_0—柱塞初始位置角；δ_0—配流盘初始位置角；

R—柱塞分布圆半径；ϕ—柱塞位置角；β_d—减振槽倾斜角；α_d—减振槽开口角；

A—配流盘的 A 配流窗口；T—配流盘的 T 配流窗口；B—配流盘的 B 配流窗口；

$x-x$ 轴方向；$y-y$ 轴方向

当柱塞由位置 3 转动至位置 5 时，通流面积可由式(4-11) 计算。

$$S_p = \pi r^2 + 2r\theta_i R \tag{4-11}$$

对柱塞端面与各配流窗口之间的通流面积计算的整个循环建立在上述分析的基础上，它是一组分段函数。

式(4-1) 中的总泄漏流量 q_1 主要由三部分组成，分别为由柱塞与缸体孔之间的缝隙流出的泄漏流量 q_{1p}，由滑靴与斜盘之间的缝隙流出的泄漏流量 q_{1s}，以及由转子与配流盘之间的缝隙流出的泄漏流量 q_{1v}。为了简化计算，根据 Ivantysyn 与 Ivantysnova 的研究[99]，这些缝隙被假定为是固定的，且油液流动状态为层流。各处的泄漏量可表示为

$$q_{1p} = \frac{\pi d_p h_p^3}{12\mu\,[s_i + l_A]}(p_i - p_c) \tag{4-12}$$

$$q_{1v} = \frac{\alpha_f h_v^3}{12\mu}\left(\frac{1}{\ln\dfrac{R_2}{R_1}} + \frac{1}{\ln\dfrac{R_4}{R_3}}\right)(p_i - p_c) \tag{4-13}$$

$$q_{1s} = \frac{\pi d_d^4 h_s^3}{\mu\left(6d_d^4 \ln\dfrac{R_s}{r_s} + 128h_s^3 l_p\right)}(p_i - p_c) \tag{4-14}$$

式中 p_c——壳体内油液压力，Pa；

α_f——柱塞腔口的包角，rad；

l_A——初始柱塞接触长度，m；

l_p——柱塞的总长度，m；

s_i——柱塞的瞬时位移，m；

d_d——柱塞阻尼孔直径，m；

r_s，R_s——滑靴底部密封带内圈与外圈半径，m。

液压油管的特性将对液压变压器的压力特性造成影响[100,101]，因此需要考虑液压管路的动态特性。在假设一维流动的情况下，忽略对流项的影响，根据1D质量守恒方程与动量方程，能够获得液压油管的数学模型。

$$\frac{\partial p}{\partial t} + \frac{\rho c^2}{A_p} \times \frac{\partial q}{\partial x} = 0 \tag{4-15}$$

$$\frac{\partial q}{\partial t} + \frac{A_p}{\rho} \times \frac{\partial p}{\partial x} + A_p g \sin\alpha_w + \frac{8\nu}{R_p^2}q + \frac{4\nu}{R_p^2}\int_0^t W(t-\psi)\frac{\partial q}{\partial t}(\psi)d\psi = 0 \tag{4-16}$$

式中 x——沿管路长度方向的距离，m；

A_p——管路截面积，m^2；

c——压力波传播速度，m/s；

ν——油液的运动黏度，m^2/s；

α_w——管路的斜度，(°)；

ρ——油液密度，kg/m^3；

q——流量，m^3/s；

R_p——管路半径，m；

W——关于无量纲时间 $\tau = \dfrac{\nu}{R_p^2}t$ 的变量。

式(4-11)中的第三项代表了稳态摩擦，第四项代表了动态耗散[102,103]。在第四项中，当无量纲时间 τ 大于 0.02 时，W 的表达式为

$$W(\tau) = e^{-26.3744\tau} + e^{-70.8493\tau} + e^{-135.0198\tau} + e^{-218.9216\tau} + e^{-322.5544\tau} \quad (\tau > 0.02)$$

$$\tag{4-17}$$

当无量纲时间 τ 小于 0.02 时，W 的表达式为

$$W(\tau) = 0.282095\tau^{-0.5} - 1.25 + 1.057855\tau^{0.5} + 0.9375\tau$$

$$+ 0.396696\tau^{1.5} - 0.351563\tau^{2} \quad (\tau < 0.02) \tag{4-18}$$

由配流盘 B 配流窗口进入管路的瞬时流量为

$$q_{\mathrm{B}} = \sum_{i=1}^{m} q_i \tag{4-19}$$

式中　m——与 B 配流窗口瞬时接通的柱塞的数量。

加载阀处的压力为

$$p_k = \frac{\rho}{2}\left(\frac{q_{\mathrm{k}}}{C_{\mathrm{dv}} S_{\mathrm{v}}}\right)^2 + p_{\mathrm{t}} \tag{4-20}$$

式中　p_{t}——油箱中油液的压力，Pa；

　　　C_{dv}——加载阀的阀口流量系数；

　　　S_{v}——加载阀的开口面积，m^2；

　　　q_{k}——经过加载阀的瞬时流量，m^3/s。

管路的离散需要足够的节点数量以保证管路节点的长径比。在本章中管路离散后的长径比为 6，根据参考文献 [102]，其能够获得较精确的数值解。

4.2.2　液压变压器转子瞬时角速度模型

柱塞绕配流盘旋转的瞬时角速度取决于转子的动力学特性。根据达朗贝尔原理，瞬时角速度的变化率可以表示为

$$\frac{\mathrm{d}\omega_{\mathrm{r}}}{\mathrm{d}t} = \frac{M_{\mathrm{p}} - (M_{\mathrm{b}} + M_{\mathrm{v}} + M_{\mathrm{s}})}{J} \tag{4-21}$$

式中　M_{p}——由柱塞产生的扭矩，N·m；

　　　M_{b}——轴承处的摩擦阻力矩，N·m；

　　　M_{v}——转子与配流盘间的摩擦阻力矩，N·m；

　　　M_{s}——滑靴与斜盘之间的摩擦阻力矩，N·m；

　　　J——转子的转动惯量，kg·m²。

由柱塞所产生的作用于转子上的扭矩 M_{p} 是转子中每个柱塞所产

生扭矩的和，可以通过式(4-22) 计算。

$$M_p = \sum_{i=1}^{i=z} p_i \frac{\pi d_p^2}{4} R \sin\phi_i \tan\gamma \tag{4-22}$$

式中 d_p——柱塞直径，m；

p_i——第 i 个柱塞腔内压力，Pa。

产生于轴承处的摩擦阻力矩主要取决于负载以及一些其他关键因素。其中最重要的是轴承的类型、尺寸、转速、润滑油的特性以及润滑状态[104]。根据轴承厂家提供的技术资料[104]，轴承处产生的摩擦阻力矩可以表达为

$$M_b = \frac{R_b d_m^{2.41} F_r^{0.31} (\nu n)^{0.6}}{1 + 1.84 \times 10^{-9} (nd_m)^{1.28} \nu^{0.64}} + (S_1 d_m^{0.9} F_a + S_2 d_m F_r)\mu_b$$

$$\tag{4-23}$$

式中 R_b，S_1，S_2——取决于轴承类型与尺寸的常数；

μ_b——摩擦系数；

n——转速，r/min；

d_m——轴承的直径，m；

F_a，F_r——轴承所承受轴向与径向载荷，N。

转子与配流盘之间的摩擦副处于边界摩擦状态之中，根据参考文献 [105]，转子与配流盘之间的摩擦阻力矩主要取决于压力的变化与转子的转速，其能够通过局部流体润滑产生的黏性摩擦阻力矩 M_{vs} 与由于刚性接触产生的库仑摩擦阻力矩 M_{vp} 的和来表示。

$$M_v = M_{vs} + M_{vp} = \frac{\frac{\pi}{2h_v}\mu\omega_r(R_4^4 - R_3^4 + R_2^4 - R_1^4) + \mu_v KF_n}{S_v} \tag{4-24}$$

$$K = \frac{2\pi(R_4^3 + R_2^3 - R_3^3 - R_1^3)}{3} \tag{4-25}$$

$$S_v = \pi(R_4^2 + R_2^2 - R_3^2 - R_1^2) \tag{4-26}$$

$$F_n = \sum_{i=1}^{z} p_i \varepsilon_1 \left(\frac{\pi d_p^2}{4} - A_0\right) \tag{4-27}$$

式中 A_0——缸体柱塞孔通流面积，m²；

h_v——配流盘与转子配流端面之间油膜的厚度，m，根据参考文献 [99]，其值约为 10μm；

μ_v——表面摩擦系数，主要取决于两个摩擦表面的特性，不同工况下的实验结果表明[106]，表面摩擦系数的值在 0.13～0.07 之间，并且随压力的升高而降低，因此这里取 0.08 做近似计算。

在黏性摩擦假设下，滑靴与斜盘之间的摩擦阻力矩 M_s 可以通过式（4-28）获得。

$$M_s = \sum_{i=1}^{z} \frac{\mu \omega_r R^2 \pi (R_s^2 - r_s^2)}{h_s} \tag{4-28}$$

式中　h_s——滑靴与斜盘间的油膜厚度，m，根据参考文献 [99]，该处油膜厚度约为 $8\mu m$；

r_s——滑靴底部密封带内圈半径，m；

R_s——滑靴底部密封带外圈半径，m。

流体的特性也对工作性能有很大影响，其中最重要的是黏度和密度。根据两个温度 T_1 和 T_2 下的黏度计算当前温度 T 下的液体运动黏度 ν。根据 Walther 和 Mac Coull，用于计算运动黏度的表达式如下。

$$\nu = \frac{\mu}{\rho} = 10^{10^{C_1(T+273)^{C_2}}} - \text{tvis} \tag{4-29}$$

式中，$C_1 = \alpha_1 + C_2\beta_1$，$C_2 = \dfrac{\alpha_1 - \alpha_2}{\beta_1 - \beta_2}$，$\beta_1 = \lg(T_1 + 273)$，$\beta_2 = \lg(T_2 + 273)$，$\alpha_1 = \lg[\lg(\nu_1 + \text{tvis})]$，$\alpha_2 = \lg[\lg(\nu_2 + \text{tvis})]$；$\rho$ 表示密度；tvis 是根据 DIN 51563 设置为 0.8 的常数因子。

液压油的密度随压力和温度而变化，密度可以表示为

$$\rho = \rho_{\text{atm}} \exp\left(\int_{P_{\text{atm}}}^{P} \frac{\mathrm{d}p}{E}\right) \tag{4-30}$$

式中　ρ_{atm}——大气压力 101.325kPa 下的密度；

E——流体体积模量。

本研究中的动态黏度 μ 与温度 T 之间的关系是根据 GB/T 265—88 通过玻璃毛细黏度管获得的。测试结果如表 4-1 所示。

表 4-1　32 号油的实测粘温数据

编号	温度/℃	动态黏度/($\times 10^{-2}$Pa・s)
1	20	7.32224
2	30	4.5702

编号	温度/℃	动态黏度/($\times 10^{-2}$ Pa・s)
3	40	2.7921
4	50	1.9002
5	60	1.3038
6	70	0.8385
7	80	0.7415
8	90	0.5715

　　转子所受的径向力是合外力作用在液压变压器转子组件上的反力，其可以分解为作用在柱塞上的离心惯性力 $F_{\omega K}$、斜盘与滑靴之间的黏性摩擦力 F_{TG} 以及柱塞在高压油液作用下的轴向力 F_{DK}，转子受力状态如图 4-3 所示。

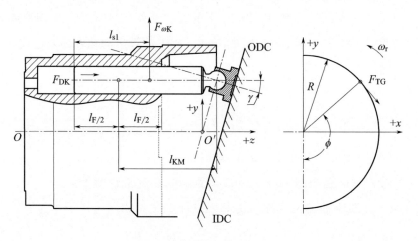

图 4-3　转子受力状态

　　总的反作用力可以表示为

$$F_r = \sqrt{F_{rx}^2 + F_{ry}^2} \qquad (4\text{-}31)$$

式中　F_{rx}——径向力的 x 方向分力，N；

　　　　F_{ry}——径向力的 y 方向分力，N。

　　F_{rx} 与 F_{ry} 可分别表示为

$$F_{rx} = \sum_{i=1}^{z} \left[m_k R \omega_r^2 \sin\phi_i - \frac{\mu \omega_r R \pi (R_s^2 - r_s^2)}{h_s} \cos\phi_i \right] \qquad (4\text{-}32)$$

$$F_{ry} = \sum_{i=1}^{z} \left[\frac{\pi d_p^2}{4} (p_i - p_c) \tan\gamma + m_k R \omega_r^2 \tan^2\gamma \cos\phi_i \right.$$

$$\left. + m_k R \omega_r^2 \frac{l_{sl} - l_{F/2}}{l_{KM}} \cos\phi_i + \frac{\mu \omega_r R \pi (R_s^2 - r_s^2)}{h_s} \sin\phi_i \right]$$

$$(4\text{-}33)$$

式中　m_k——柱塞的质量，kg。

4.2.3　模型参数与模型的求解

如图 4-1 所示，所建立的液压变压器的液压回路方程是一系列微分方程和代数方程的组合。参考文献中提供了求解液压泵模型中类似方程的方法[100,107]。双转子液压变压器的参数如表 4-2 所示。

表 4-2　双转子液压变压器的参数

参数	值	参数	值	参数	值	参数	值
A_0	82mm²	d_m	108mm	r	6.5mm	C_d	0.7
R_p	7.5mm	m_k	0.12kg	R_1	23mm	ρ	840kg/m³
R	32mm	l_{sl}	40mm	R_2	26.75mm	α_d	60°
γ	17°	$l_{F/2}$	22.5mm	R_3	33.25mm	β_d	30°
J	0.0045kg·m²	h_v	10μm	R_4	37mm	R_g	32mm
R_b	2.13×10⁻⁶	h_s	8μm	E	10⁹Pa	r_0	6.5mm
S_1	0.16	R_G	10.65mm	μ	0.0277kg/(m·s)	h_p	2μm
S_2	0.0015	r_G	6.35mm	d_p	17mm	l_p	25mm
λ	0.1	d_d	1mm	ϕ_0	65°	l_a	12mm
C_{dv}	0.65	μ_v	0.08	ν	35.7mm²/s	μ_b	0.02

双转子液压变压器的求解模型如图 4-4 所示。在模型中将单柱塞流量压力模型封装成超级元件以方便建立液压变压器的整体模型。单个柱塞的超级元件模型如图 4-5 所示。在单柱塞模型的基础上，设置不同柱塞往复运动的相位差，并将进出油口以及扭矩传递接口统一，即可得到液压变压器的仿真模型。在计算过程中 $p_A = 10\text{MPa}$，$p_B = 1\text{MPa}$，通过模型的全局变量实现各个子模型之间的数据传递，

通过具有相同标签（tag）的信号发送与接收模型实现各柱塞位置角以及配流盘控制角的同步。除此之外，为保证获得完整的瞬态特性，时间离散步长设置为 10^{-5} s。

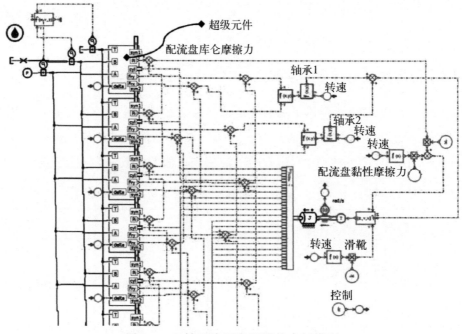

图 4-4　双转子液压变压器的求解模型

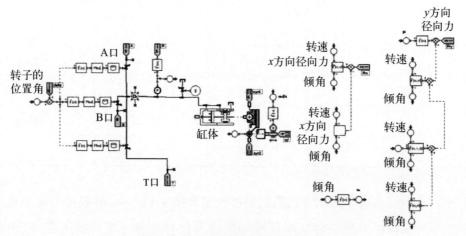

图 4-5　单个柱塞的超级元件模型

接下来通过仿真计算研究各参数对液压变压器压力特性的影响，包括瞬时压力特性与变压比特性。

4.3

双转子液压变压器压力特性的仿真研究

转速、控制角、斜盘倾角以及配流窗口包角是液压变压器的关键参数。接下来分别研究这些参数对液压变压器压力特性的影响。同时，还将对"单转子"与"双转子"的结果进行对比与分析。

4.3.1　转速对压力特性的影响

根据式(4-2)可知，转速改变后将直接影响由于柱塞运动而产生的体积流量 q_g，进而影响到柱塞腔内的瞬时压力特性。如图 4-6 所示为 $\delta = 60°$，转速 n 分别为 500r/min、1000r/min 以及 1500r/min 时的柱塞腔内的瞬时压力。

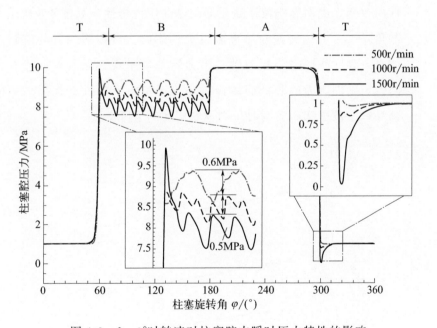

图 4-6　$\delta = 0°$时转速对柱塞腔内瞬时压力特性的影响

可以看出，随着转速由 500r/min 升高至 1000r/min，柱塞腔内瞬时压力的最大值下降了 0.6MPa。当转速进一步升高至 1500r/min 后，最高瞬时压力随之又下降了 0.5MPa。除此之外还可以看出，当柱塞由 T 配流窗口转动至 B 配流窗口时将产生一个压力尖峰，当柱塞由 A 配流窗口转动至 T 配流窗口时，柱塞腔内的瞬时压力将产生一个明显瞬时的压降。随着转速的增加，柱塞腔内瞬时压力尖峰和瞬时压降的幅值均明显增大。转速为 1500r/min 时，柱塞腔内压力尖峰的超调幅值超过了平均压力的 20%，最低瞬时压力则接近空气分离压与饱和蒸气压。当转速降低后，在 1000r/min 和 500r/min 时，瞬时过渡压力的变化则相对平稳。由式(4-9)可知，这是由于体积流量 q_g 与转速 n 成正比，而当转速超过减振槽的调节能力时，压力超调和压降现象将变得严重。因此，从压力特性的观点出发，应限制最大转速以避免压力冲击以及过低的瞬时压力。

转速升高后瞬时压力的降低将导致变压比的减小，如图 4-7 所示为控制角分别为 45°、60° 与 75°时，转速对变压比的影响。可以看出，随转速的增加，变压比随之降低，且下降趋势基本呈线性。这是由于转速增大引起黏性摩擦阻力矩增加的原因，其造成了转子受力特性的改变，进而影响液压变压器的排油压力特性。如图 4-8 所示为控制角 $\delta = 75°$ 时，转速对摩擦阻力矩的影响。可以看出，随着转速的增高，黏性摩擦阻力矩与轴承阻力矩基本呈线性增加，而库仑摩擦阻力矩则因压力的降低而缓慢减小。正是由于黏性摩擦阻力矩的增高导致了液压变压器瞬时压力及变压比的下降。

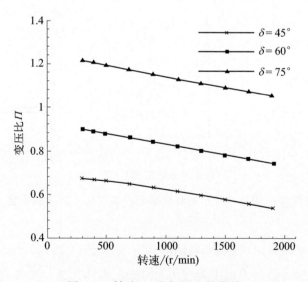

图 4-7　转速 n 对变压比的影响

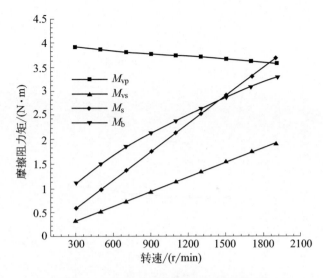

图 4-8　转速 n 对摩擦阻力矩的影响

如图 4-9 所示分别为 $\delta = 60°$ 时转速 n 对液压变压器瞬时排油压力波动率及瞬时角速度波动率的影响。由图 4-9(a) 可以看出,"单转子"的压力波动率随转速变化具有明显的非线性特征,而"双转子"压力波动率随转速的变化相对平稳。当转速低于 700r/min 时,"单转子"的压力波动率将由最初的 28％急剧下降到 17％,随后逐渐从 16％上升到 26％。在转速较低时"单转子"与"双转子"的压力波动都明显增强,且这一现象对"单转子"更为明显。这是由于转子的瞬时角速度不均匀造成的。如图 4-9(b) 所示为转速对瞬时角速度波动率的影响。可以看出,当转速低于 700r/min 时,"单转子"的瞬时角速度波动率将急剧增加,这是瞬时排油压力波动率在低转速下急剧增大的重要因之一。当转速大于 800r/min 时,瞬时角速度波动率对瞬时压力波动率的影响将变得很小。由图 4-9(b) 还可以看出,"双转子"的瞬时角速度波动率低于"单转子",尤其在转速低于 500r/min 以后,瞬时角速度波动率的降低将超过 90％。因此,由于低速稳定性的提高以及由于柱塞数增多而带来的流量不均匀的性降低,"双转子"的压力输出特性得到了明显改善。然而,由图 4-9(b) 可以看出,当转速低于 200r/min 以后,瞬时角速度波动率依然很高。因此,从降低压力与角速度波动率的角度出发,不建议液压变压器工作在很低的工作转速下。

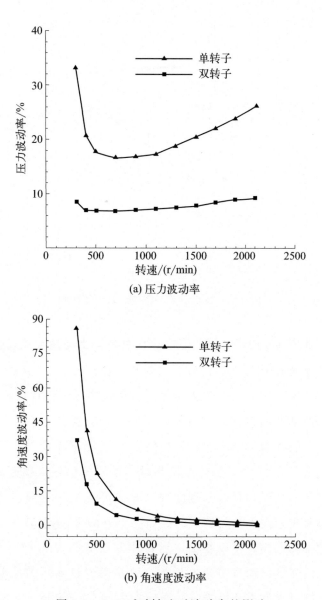

(a) 压力波动率

(b) 角速度波动率

图 4-9 $\delta = 60°$ 时转速对波动率的影响

4.3.2 控制角对压力特性的影响

通过调节配流盘控制角 δ 能够实现对液压变压器变压比的控制。如图 4-10 所示为转速 $n = 1000\mathrm{r/min}$ 时控制角 δ 对变压比特性的影响。

图 4-10 中变压比曲线的理想值来自第 2 章中的理论模型。可以看出，变压比 Π 与控制角 δ 之间存在非线性关系，随着控制角 δ 的

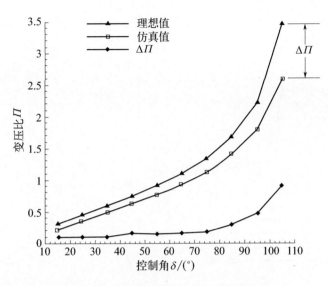

图 4-10　理想与仿真变压比结果对比

增加，变压比 Π 随之增大且增速逐渐加快。同时还可以看出，变压比的仿真曲线偏离了第 2 章计算得到的理想变压比曲线，且这一现象在控制角 δ 大于 90°时尤为明显。

为更加深刻地理解变压比特性的变化规律，图 4-11 展示了 $n=1000\mathrm{r/min}$ 时在不同控制角工况下单个柱塞所产生的瞬时扭矩。可以看出，在柱塞绕配流盘旋转一周的过程中，其所产生的瞬时扭矩变化剧烈。当扭矩大于 0 时，相应柱塞位置角范围为驱动区。处于驱动区中的柱塞所产生的扭矩的方向与转子旋转方向相同，从而将驱动转子转动；当柱塞的扭矩值小于 0 时，所对应的柱塞位置角范围为负载区。转子将带动处于负载区之中的柱塞对外输出流量与压力。可以看出，处于驱动区的柱塞扭矩的最大值为 22N·m，而处于负载区的柱塞扭矩的最大值则随控制角的变化而变化。除了扭矩的大小外，驱动区与负载区的范围也随控制角的变化而变化。因此，配流盘控制角 δ 将决定着处于驱动区与负载区中的柱塞数量以及柱塞扭矩的力臂，δ 正是通过对作用在转子上的扭矩平衡的调节实现对液压变压器变压比的控制。

如图 4-12 所示为在输出流量一定情况下压力波动率与控制角之间的关系。排油压力的波动不仅与液压变压器自身特性有关，还受 B

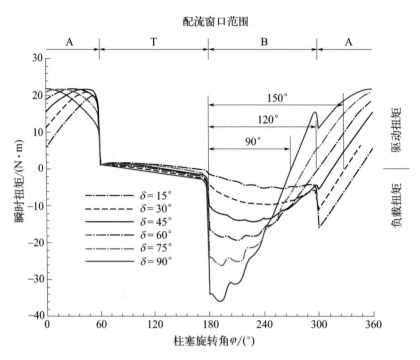

图 4-11　转速 $n=1000\mathrm{r/min}$ 时单个柱塞所产生的瞬时扭矩

配流窗口与加载阀之间的流体体积模量的影响，通过控制加载阀的开口大小能够在不同控制角下实现一定的流量输出，从而获得输出流量一定时的压力波动率。由图 4-12(a) 可以看出，排油压力的波动率与控制角 δ 呈非线性关系，随着控制角的增大，"单转子"的压力脉动率从 30% 急剧下降到 7%，随后从 7% 上升到 20%，最后由 20% 下降到 12%。由第 2 章的研究可知，这是由于流量不均匀造成的。柱塞运动产生的体积流量 q_g 的和 $\sum q_g$ 是控制角 δ 的函数，其波动率的最小值同样出现在 $\delta=30°$ 附近，与图 4-12(a) 中结果一致。此外，根据能量守恒定理，控制角减小时排量将增大。因此，在输出流量一定的情况下转速将降低，转速的变化也是引起压力波动的原因之一，其对液压变压器压力特性的影响将稍后讨论。由图 4-12(a) 还可以看出，在每个转子流量相同的情况下，双转子液压变压器的压力波动率远低于单转子结构。例如波动率在 $\delta=75°$ 时由单转子的 17% 降低至双转子的 7%，而当控制角 δ 小于 20° 时，虽然双转子的压力波动远小于单转子，但其压力波动率依然很高。

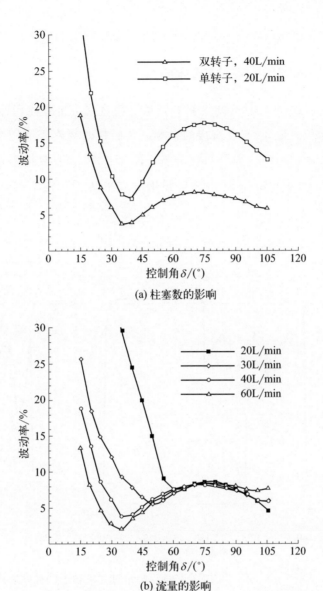

(a) 柱塞数的影响

(b) 流量的影响

图 4-12　一定流量时控制角对瞬时压力波动率的影响

　　如图 4-12(b) 所示为不同输出流量工况下，控制角 δ 对双转子液
压变压器压力波动率的影响。可以看出，随着输出流量的增大，压力
波动率随控制角的减小而急剧增高，而在较大控制角时压力波动率变
化相对平缓。这是因为在大控制角工况下，压力波动主要取决于柱塞
所产生的体积流量的和 $\sum q_{\text{g}}$。而在控制角较小情况下，由于转速将随
控制角的减小而降低，瞬时角速度的波动对瞬时排油压力的影响将增
强，从而使得瞬时排油压力特性恶化。因此，从降低压力波动的观点

看，应避免液压变压器在小控制角下输出较小的流量。

4.3.3 斜盘倾角对压力特性的影响

由式（4-10）可知，斜盘倾角 γ 将直接决定着柱塞轴向运动行程，对体积流量 q_g 有着直接的影响，从而将改变液压变压器柱塞腔内的瞬时压力特性。为了对比分析，图 4-13 展示了控制角 $\delta=60°$，转速为 $n=1500\text{r/min}$ 时，斜盘倾角对"单转子"柱塞腔内瞬时压力的影响。

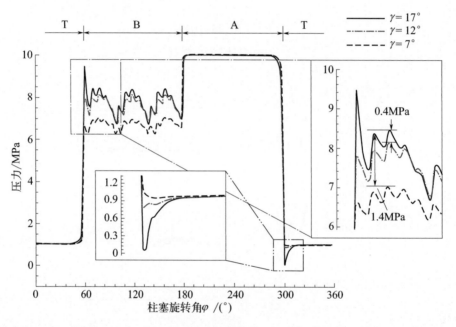

图 4-13　$n=1500\text{r/min}$、$\delta=60°$工况下斜盘倾角对"单转子"柱塞腔内压力的影响

可以看出随斜盘倾角的增加，柱塞腔内瞬时压力的升高具有非线性特征。7°斜盘倾角与12°斜盘倾角之间的压力差为 1.2MPa，然而 12°与17°斜盘倾角之间的压力差仅为 0.4MPa。根据式（4-16），这是由于驱动柱塞所产生的驱动扭矩增加的原因。除此之外，斜盘倾角增大时压力尖峰也随之升高。对比图 4-13 与图 4-6 可以看出，通过增加柱塞数量，虽然"双转子"的瞬时压力波动明显小于"单转子"，但柱塞经过压力过渡区时的压力尖峰与瞬时压降基本相同，即增加转子数量对压力过渡过程的改善不明显。

瞬时排油压力随斜盘倾角的增大将引起变压比的升高。如图 4-14(a) 所示为斜盘倾角分别为 17°与 12°时的变压比曲线，可以看出，17°斜盘倾角时具有更高的变压比，且随控制角的增大，变压比的增加量也不断增大，这一现象可通过图 4-14(b) 解释。图 4-14(b) 展示了斜盘倾角 γ 分别为 7°、12°与 17°时，在控制角 $\delta=75°$ 工况下，单个柱塞绕配流盘旋转一周过程中所产生的瞬时扭矩。可以看出，单个柱塞的驱动扭矩与负载扭矩均随斜盘倾角的增大而增大，

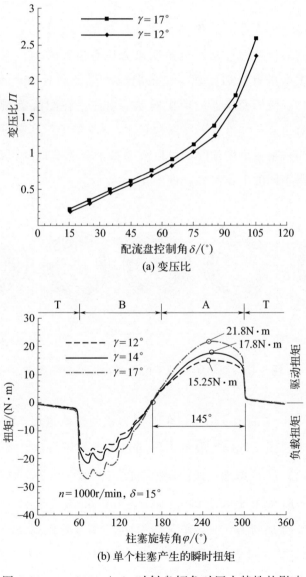

(a) 变压比

(b) 单个柱塞产生的瞬时扭矩

图 4-14 $n=1000\text{r/min}$ 时斜盘倾角对压力特性的影响

单个柱塞的最大瞬时驱动扭矩由 $\gamma=12°$ 时的 15.25N·m 增加至 $\gamma=17°$ 时的 21.8N·m。同时，配流盘驱动与负载区的宽度范围角则均保持不变。正是由于斜盘倾角增大后柱塞的驱动扭矩的相对增大，改变了转子的动态平衡，从而提高了变压比。值得注意的是，根据第 2 章中的排量公式可以得出，斜盘倾角较大后排量同样更大。因此，从变压比与功率密度的观点来看，在强度许可范围内较大的斜盘倾角具有优势，但需要解决大斜盘倾角下的压力过渡问题。

4.3.4　配流窗口包角对压力特性的影响

除了工作参数（例如转速和控制角）之外，结构参数（尤其是配流副通流截面包角）也对变压力比有显著影响。当柱塞数量较少时，根据扭矩叠加原理，包角的减小可能会导致严重的脉动问题，这是传统液压变压器的历史问题。由柱塞在配流盘圆周上的分布图可以看出，与"单转子"结构相比，"双转子"具有更密集的柱塞分布。当柱塞数量增加时，可以改变每个分配窗口的包角的相对大小，以获得不同的工作特性，如图 4-15 所示。

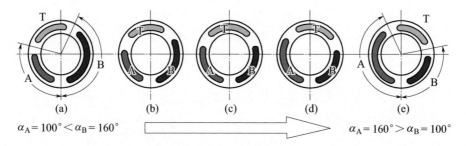

$\alpha_A=100°<\alpha_B=160°$　　　　$\alpha_A=160°>\alpha_B=100°$

图 4-15　双转子构型下的非对称设计的配流盘

图 4-16 展示了由于包角对压力比的影响进而产生的对扭矩变化的影响。图 4-16(a) 展示了不同包角下的压力比。可以看到，当 α_A 增大时，Π 值增加，曲线斜率变陡。例如，在 35°的控制角下，$\alpha_A=160°$的最大值 Π 大于 3.5，而 $\alpha_A=110°$ 的最大为 1.77。此外，当 α_A 从 120°增加到 160°时，单位压力比 Π 从 0°降低到−20°左右。当包角 α_B 增大时，压力比 Π 减小，曲线斜率变平。可以看出，当 α_A 从 120°降低到 100°时，单位压力比 Π 从 0°增加到约 45°。

为了深入了解压力比趋势变化的原因，图 4-16(b) 显示了当 $\gamma =$ $17°$、$\delta = -15°$ 和 $n = 1000\text{r/min}$ 时，包角与柱塞扭矩之间的相关性。可以看到，随着包角 α_A 的增加，驱动区的宽度增加，而负载区的宽度减小。此外，负载区的扭矩大小随包角而变化，而驱动区的扭矩值保持不变。由于驱动区和负载区的宽度改变，压力比的趋势将相应地改变。

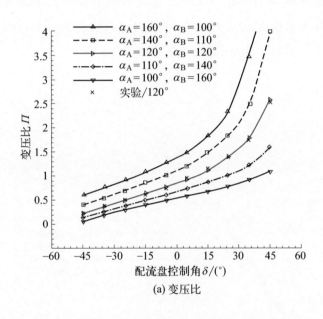

(a) 变压比

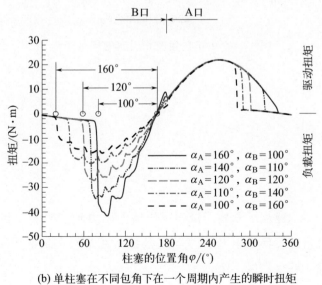

(b) 单柱塞在不同包角下在一个周期内产生的瞬时扭矩

图 4-16　$\gamma = 17°$、$n = 1000\text{r/min}$ 时扭矩与变压比之间的关系

值得注意的是，除了开发复杂的控制器外，为特定的工作条件设计合适的包角是提高工作性能的另一种有前途的方法。由于包角的变化，B端口的排量将发生相应的变化，如图4-17所示。

当包角α_B增大时，B端口的位移也增大，如图4-17所示，这增强了液压变压器的输出能力。当α_A增大时，液压变压器的驱动扭矩根据式(4-2)增大。但在一定转速下，B口排量的相对减小将导致输出流量的减小。因此，从压力比和功率密度的角度来看，当制动器的工作压力接近或低于CPR-H压力时，建议扩大B端口，而当需要高工作压力时，则建议扩大A端口。

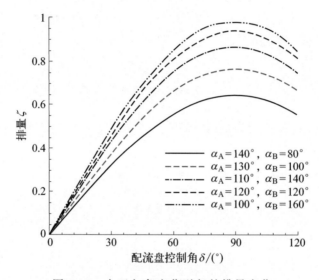

图4-17　由于包角变化引起的排量变化

4.4
小结

本章建立了双转子液压变压器的压力转速模型，包括流体模型、瞬时角速度模型以及管路动态模型。通过对不同工况下压力特性的研究能够得出以下结论。

① 液压变压器瞬时压力特性不仅取决于由柱塞运动而产生的瞬

时体积流量，还受减振槽尺寸以及与排油口相连的管路影响。压力波动在控制角为 30°附近时达到最小值，当控制角大于 30°时瞬时压力波动率的变化相对较平缓，而当控制角小于 30°时波动率将急剧增大，尤其在转速低于 200r/min 的低转速工况下，瞬时压力波动尤为剧烈。因此，从压力波动的方面考虑，应避免使液压变压器工作在小控制角低转速工况下。除此之外，从瞬时压力特性的方面考虑，还应限制最大转速以避免严重的压力峰值以及过低的瞬时压力。

② 液压变压器的变压比取决于作用在转子上的扭矩。转速增加后液压变压器的变压比有所降低，且下降趋势具呈线性。变压比与控制角之间存在非线性关系，随着控制角的增加，变压比随之增大，且增速逐渐加快。由于摩擦阻力矩的存在，变压比的仿真结果与理想结果存在明显下降。斜盘倾角的增加能够增强工作扭矩，从而提高变压比。除此之外，当 A 口包角相对增大时，变压比曲线变得平缓，从而能够获得更加线性化的变压比曲线；而当 B 口包角相对增大时，变压比曲线变陡，从而能够获得更大的变压比。

第 **5** 章

双转子液压变压器
减压过渡特性研究

在液压变压器的减压过渡过程中，柱塞将从配流盘的 A 口旋转至 T 口，柱塞腔内的压力将由 p_A 降低至 p_T。由第 4 章的分析可知，在整个减压过渡过程中伴随着柱塞腔的膨胀，当体积变化率超过一定值后，柱塞腔内的瞬时压力将降低至空气分离压和饱和蒸气压以下并产生吸空，严重时将造成气蚀。

为缓解这一问题，本章提出在液压变压器的过渡区加工减振槽的方法，以减缓柱塞容腔内瞬时压力的变化趋势，从而避免减压过渡过程中柱塞腔内的瞬时压力过低的问题。由于在减压过渡过程中，柱塞腔流体域的形状与位置都是时间的函数，因此，需要通过基于动网格的瞬态 CFD 模型才能够准确地获得不同瞬时各流体域的压力与流量分布状态。

本章建立基于动网格的双转子液压变压器瞬态 CFD 模型，同时考虑湍流与空穴现象的影响。在各离散时间与迭代周期内通过调用通过 C 程序编写的用户自定义函数实现对流体域网格形状与位置变化的控制，完成基于各场量的预定义数值计算、计算节点之间的通信以及数据后处理。随后，对减压过渡特性展开研究，探讨柱塞在经过 A-T 过渡区时柱塞腔内的瞬态压力随转速、控制角以及减振槽结构尺寸等参数的变化规律，旨在为解决减压过渡过程中柱塞腔内瞬时压力过低问题提供一种先进的研究方法。

5.1
减压过渡的特点及减振槽的工作原理

如图 5-1 所示为液压变压器配流盘上的三个过渡区处于不同位置时，过渡区中柱塞腔的无量纲体积变化率与相邻两油口的无量纲压差。体积变化率与压差分别由第 2 章与第 4 章中的模型获得，无量纲量化通过与自身模的最大值之比实现。由图 5-1 可以看出，各过渡区在配流盘上的位置角随控制角 δ 的改变而变化。需要注意的是，当柱塞经过图 5-1 中右半侧即（0°，120°）与（300°，360°）角度范围时，柱塞将伸出，从而导致柱塞腔膨胀；当柱塞经过图 5-1 中左半侧即（120°，300°）角度范围时，柱塞将被压入，从而导致柱塞腔被压

缩。如图 5-1 所示，当柱塞经过 T-B 过渡区时，在压差很小时其柱塞
腔的体积变化率也很小，随着压力差的增大，柱塞压缩率随之升高。
相似的情况发生在当柱塞经过 B-A 过渡区时，柱塞腔的体积变化率
同样与压差具有相似的变化趋势。位于 A-T 过渡区内的柱塞在过渡
区位置随控制角 δ 变化以后，体积变化率先增大后减小，而与柱塞
相邻的两油口压差却保持恒定。过渡区两侧压差不随体积变化率而
改变将造成柱塞腔内瞬时压力的剧烈变化。

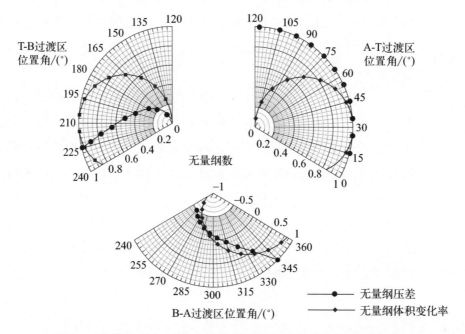

图 5-1　柱塞经过各过渡区时的无量纲体积变化率与无量纲压差

　　在柱塞由 A 配流窗口旋转至 T 配流窗口的过程中，如图 5-2 所
示，柱塞腔内的压力将由 CPR 高压 p_A 降低至 CPR 低压 p_T。由于
A-T 过渡区并非恰好处于内止点（IDC）与外止点（ODC）处，其在
配流盘上的相对位置受控制角 δ 的影响，将在 IDC 与 ODC 之间移
动。因此，柱塞在经过过渡区时伴随着明显的轴向运动，从而导致
柱塞腔中压力的过渡将伴随着明显的容腔体积膨胀。由于处于过渡
区中的柱塞的容腔与两侧配流窗口之间的通流面积较小，再加上完
成压力过渡后的最终压力值较低，因此柱塞容腔体积的膨胀可能在
压力过渡过程中引起严重的压降。当体积变化率超过一定值后，柱

塞内的瞬时压力将迅速降低进而造成吸空，严重时将造成气蚀。为了避免柱塞腔内压力下降过快导致柱塞腔内瞬时压力过低，液压变压器的柱塞容腔通流端面的宽度被设计为与配流盘过渡区相等，同时在配流盘过渡区加工三角槽以减缓瞬时压力的变化，如图 5-2 所示。三角槽截面形状一定时其尺寸能够通过长度 L 与深度 H 来确定。三角槽的工作原理可通过柱塞经过 A-T 过渡区时，容腔内的瞬时压力变化率公式解释。

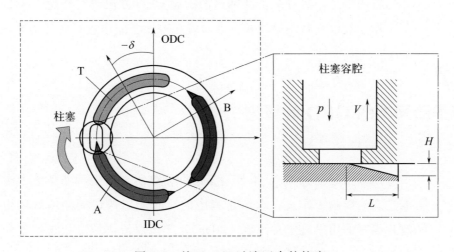

图 5-2　处于 A-T 过渡区中的柱塞

在忽略泄漏量的条件下，柱塞腔内的瞬时压力变化率可以表达为

$$\frac{\mathrm{d}p_i}{\mathrm{d}t} = -\frac{E}{V_i}(A_K R \omega_r \tan\gamma \sin\phi + q_{pi} + q_{pl}) \tag{5-1}$$

式中　q_{pi}——第 i 个柱塞由 T 配流窗口进入柱塞容腔的流量，$\mathrm{L/min}$；

　　　q_{pl}——由减振槽流入柱塞腔流量，$\mathrm{L/min}$。

$$q_{pi} = \mathrm{sign}(p_i - p_T) C_{dl} A_l \sqrt{\frac{2}{\rho}(p_i - p_T)} \tag{5-2}$$

$$q_{pl} = \mathrm{sign}(p_i - p_A) C_{di} A_i \sqrt{\frac{2}{\rho}(p_i - p_A)} \tag{5-3}$$

式中　C_{di}——T 配流窗口与柱塞腔间的流量系数；

　　　C_{dl}——减振槽与柱塞腔间的流量系数；

　　A_i，A_l——通流面积，m^2。

在没有减振槽的情况下，式(5-1) 中的 $q_1＝0$，当柱塞完全进入 A-T 过渡区以后，柱塞腔将与 A 与 T 配流窗口完全隔离。根据式(5-1) 与式(5-2)，此时柱塞腔内的压力变化率将取决于柱塞容腔的体积变化率。在配流盘上加工如图 5-2 所示减振槽后，由式(5-2) 与式(5-3) 可以看出，在柱塞腔内瞬时压力由 p_A 降低至 p_T 过程中，q_{pi} 与 q_{pl} 具有相反的符号。因此，通过减振槽能够减缓柱塞容腔体积膨胀的影响，从而扩大液压变压器的转速范围。接下来针对配流窗口均布的情况，通过基于动网格的瞬态 CFD 方法研究转速、控制角等工作参数以及减振槽结构参数对液压变压器减压过渡特性的影响。

5.2
基于动网格的 CFD 计算方法

本节所建立的 CFD 模型基于动网格技术，该模型还考虑了湍流与空穴的影响。通过在求解过程中的时间步与迭代周期内调用由 C 程序编写的用户自定义函数（UDF），实现对流体域形状与位置变化的控制，以及进行各种基于场量的预定义数值计算。

5.2.1 计算域及网格划分

流体域模型如图 5-3 所示，其精确的三维模型通过高级 3D 建模软件 CREO 获得，精度为 10^{-4}mm。流体域模型主要分为三个部分，两侧 18 个柱塞腔的流体域交错均匀地分布在中间配流通道流体域的两侧。初始厚度为 10μm 的油膜位于柱塞腔流体域与中间配流通道流体域中间。在中间配流通道流体域的不同轴向位置上，有三个进/出油口分别连接 CPR 高压端 p_A、CPR 低压端 p_T 与负载端。

流体域的网格采用专业的流体动力学网格划分工具 ANSYS ICEM CFD 软件进行划分。在网格模型中，如图 5-4(a) 所示，流体域的主体部分采用六面体网格，网格的布置方向与预估的油液流动方向保持一致以降低伪耗散，同时对近壁面网格进行加密以满足壁面函数的要求[108]。采用具有高横纵比（aspect ratio）的 5 层六面体网格划分转子与配流盘之间的油膜以降低网格数量，油膜网格的圆

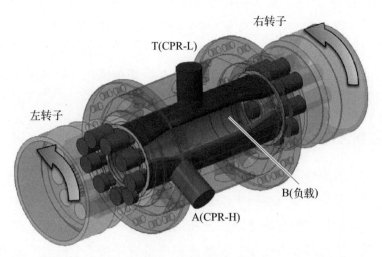

图 5-3　流体域模型

周分辨率为 360。网格模型中最为关键的部分位于减振槽附近，当柱塞与减振槽接通时，两者之间的通流面积很小。因此，这里采用更加精细的四面体网格结构。如图 5-4（b）所示，通过控制面间距（face spacing）参数调整各面上的网格划分密度，从而实现对减振槽附近网格的局部加密。网格模型采用非正则交界面（non-conformal interface）连接各分块流体域，并采用动网格来实现对流体域网格的形状与位置变化的控制。动网格的具体细节将在 5.2.3 小节边界条件与求解策略中阐述。除此之外，为确保仿真结果不受网格数量的影响，在控制角 $\delta = 45°$、转速为 1000r/min 工况下进行了网格独立性研究。研究过程中，全局网格单元大小以 0.2mm 为步长，逐渐从

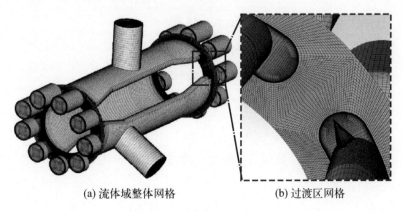

(a) 流体域整体网格　　　　　　(b) 过渡区网格

图 5-4　流体域的网格模型

1.2mm 降低至 0.6mm。网格独立性研究结果表明，当全局网格单元尺寸由 0.8mm 减小至 0.6mm 时，最小瞬时压力的值变化很小。因此可以认为采用 0.8mm 全局网格单元尺寸的流体域网格模型是足够的，此时网格单元数量约为 300 万，其在保证计算结果的同时对计算机资源的消耗更小。

5.2.2 控制方程

数值计算在由 C 语言编写的用户自定义函数的控制下进行，将在离散的时间与空间上求解一系列控制方程。在本模型中要求解流体域时均压力与流量的混合相的连续方程与动量方程；求解湍流黏度的湍流两方程模型；求解液相质量向气相质量转化后的质量分数的空穴模型方程。

（1）多相流模型

在本章的研究中，根据第一节的分析，由于在柱塞腔体积膨胀的过程中会产生很大的压降，因此采用了 Mixture 多相流模型。Mixture 多相流动可以被认为是均匀的气液混合流动，其中油液为基本相，气体为第二相[109]。混合相的连续方程与动量方程如下所示。

$$\frac{\partial}{\partial t}(\rho_m) + \nabla(\rho_m \vec{u}_m) = 0 \tag{5-4}$$

$$\frac{\partial}{\partial t}(\rho_m \vec{u}_m) + \nabla(\rho_m \vec{u}_m \vec{u}_m) = -\nabla p + \nabla[\mu_m(\nabla \vec{u}_m + \nabla \vec{u}_m^T)] + \rho_m \vec{g}$$

$$+ \vec{F} - \nabla\left(\sum_{k=1}^{n} \alpha_k \rho_k \vec{u}_{dr,k} \vec{u}_{dr,k}\right) \tag{5-5}$$

式中　ρ_m——混合相的密度，kg/m^3；

$\quad\quad\mu_m$——混合相的动力黏度，$Pa \cdot s$；

$\quad\quad\alpha_k$——第 k 相的体积分数；

$\vec{u}_{dr,k}$，$\vec{u}_m$——第二相的漂移速度与质量加权平均速度，m/s；

$\quad\vec{g}$，$\vec{F}$——重力与体积力，N。

混合相的密度 ρ_m 与黏度动力 μ_m 可以表达为

$$\rho_m = \alpha_v \rho_v + (1-\alpha)\rho_l \tag{5-6}$$

$$\mu_m = \alpha_v \mu_v + (1-\alpha)\mu_l \tag{5-7}$$

式中　μ_v，μ_l——气相与液相的动力黏度，Pa·s；

　　　　ρ_v，ρ_l——气相与液相的密度，kg/m^3；

　　　　α_v——气相的体积分数。

（2）空穴模型

在一定温度下，当压力降低到空气分离压与饱和蒸气压以下时将产生空穴。液体与气体之间的质量转换由气体运输方程控制[109]，表示为

$$\frac{\partial}{\partial t}(a_v\rho_v)+\nabla(a_v\rho_v\vec{u}_v)=R_e-R_c \tag{5-8}$$

式中　$\vec{u}_v$——气相的速度，m/s。

　　　　R_e——由初相到第二相的质量转移；

　　　　R_c——由第二相到初相的质量转移。

R_e 可以表达如下。

若 $p\leqslant p_v$

$$R_e=F_{vap}\frac{3a_{nuc}(1-\alpha_v)\rho_v}{\mathcal{R}_B}\sqrt{\frac{2}{3}\times\frac{p_v-p}{\rho_e}} \tag{5-9}$$

若 $p\geqslant p_v$

$$R_e=F_{cond}\frac{3\alpha_v\rho_v}{\mathcal{R}_B}\sqrt{\frac{2}{3}\times\frac{p_v-p}{\rho_l}} \tag{5-10}$$

式中　$\mathcal{R}_B$——气泡半径，$\mathcal{R}_B=10^{-6}$m；

　　　　a_{nuc}——成核部位体积分数，$a_{nuc}=5\times10^{-4}$；

　　　　F_{vap}——蒸发系数，$F_{vap}=0.02$；

　　　　F_{cond}——冷凝系数，$F_{cond}=0.01$；

　　　　p_v——相变阈值压力，Pa。

p_v 通过湍动压力波动的局部估计来进行修正。

$$p_v=p_{sat}+\frac{1}{2}(0.39\rho_m k) \tag{5-11}$$

式中　p_{sat}——饱和蒸气压，$p_{sat}=3540$Pa。

（3）湍流模型方程

流体域模型的复杂几何特征导致了在流体域中存在两个截然不同的部分——柱塞腔内由于柱塞运动而产生的低速湍流和压力过渡区附近的高速湍流，这一观点将在稍后章节中讨论。基于两种不同

的流动区域，在瞬态 CFD 计算中采用了 shear-stress-transport
(SST) k-ω 湍流模型。该模型在低雷诺数流动区域、过渡区域以及
高雷诺数区域具有较好的精度[108]。SST 模型的湍动能 k 与耗散率 ω
的控制方程如下。

$$\frac{\partial}{\partial t}(\rho_m k) + \frac{\partial}{\partial x_i}(\rho_m k u_i) = \frac{\partial}{\partial x_j}\left[\left(\mu_m + \frac{\mu_{t,m}}{\sigma_k}\right)\frac{\partial k}{\partial x_j}\right] + G_k - Y_k + S_k$$

$$(5\text{-}12)$$

$$\frac{\partial}{\partial t}(\rho_m \omega) + \frac{\partial}{\partial x_i}(\rho_m \omega u_i) = \frac{\partial}{\partial x_j}\left[\left(\mu_m + \frac{\mu_{t,m}}{\sigma_\omega}\right)\frac{\partial k}{\partial x_j}\right] + G_\omega - Y_\omega + D_\omega + S_\omega$$

$$(5\text{-}13)$$

式中　Y_k，Y_ω——k 与 ω 的湍动耗散量；

　　　G_k，G_ω——k 与 ω 的产生量；

　　　σ_k，σ_ω——普朗特常数；

　　　S_k，S_ω——用户自定义源项；

　　　D_ω——交叉扩散项。

湍流黏度 $\mu_{t,m}$ 通过以下公式计算获得。

$$\mu_{t,m} = \frac{\rho k}{\omega}\left[\max\left(\frac{1}{\alpha^*}, \frac{SF_2}{b_1\omega}\right)\right]^{-1} \qquad (5\text{-}14)$$

式中　α^*——抑制湍动黏度的系数，产生低雷诺数修正；

　　　S——应变速率；

　　　b_1——模型常量。

根据参考文献 [109]，在 SST k-ω 模型中采用的模型常数为
$\sigma_{k,1}=1.176$，$\sigma_{\omega,1}=2$，$\sigma_{k,2}=1$，$\sigma_{\omega,2}=1.168$，$b_1=0.31$，$\beta_{i,1}=0.075$，$\beta_{i,2}=0.0828$。

(4) 网格运动对控制方程的影响

液压变压器的工作是一个瞬态问题，不能够忽略控制方程中的
时变项，通过动网格技术，改变欧拉网格的坐标将对控制方程产生
影响，如柱塞腔流体域网格的形状变化，需要对控制方程进行修正。
修正后的控制方程为

$$\frac{d}{dt}\int_V \rho\phi_f dV + \int_{\partial V}\rho\phi_f(\vec{u}_m - \vec{u}_g)d\vec{A} = \int_{\partial V}\Gamma\nabla\phi_f d\vec{A} + \int_V S_{\phi_f}dV \quad (5\text{-}15)$$

式中　ϕ_f——场变量；

　　　S_{ϕ_f}——场变量 ϕ_f 的源项；

∂V——控制体积 V 的边界（在离散的控制体上的体积积分通过高斯定理转化为面积分，从而通过差分格式，形成代数方程组）；

Γ——扩散系数；

$\vec{u}_{g}$——网格运动速度，m/s。

通过一阶差分格式，可以获得时间微分。

$$\frac{d}{dt}\int_{V}\rho\phi_{f}dV = \frac{(\rho\phi_{f}V)^{n_{t}+1}-(\rho\phi_{f}V)^{n}}{\Delta t} \tag{5-16}$$

这里，n_{t} 与 $n_{t}+1$ 分别代表本时刻与下一时刻的量，$n_{t}+1$ 时刻的体积可以通过以下公式计算得出。

$$V^{n_{t}+1}=V^{n_{t}}+\frac{dV}{dt}\Delta t \tag{5-17}$$

$$\frac{dV}{dt}=\int_{\partial V}\vec{u}_{g}d\vec{A}=\sum_{j}^{n_{f}}\vec{u}_{g,j}\vec{A}_{j} \tag{5-18}$$

式中　n_{f}——控制体积的单元面数；

$\vec{A}_{j}$——第 j 个面的面积向量。

$\vec{u}_{g,j}\vec{A}_{j}$ 在每个控制单元面上可根据式(5-19) 算得。

$$\vec{u}_{g,j}\vec{A}_{j}=\frac{\delta V_{j}}{\Delta t} \tag{5-19}$$

式中　V_{j}——控制体积的面 j 在时间步长 Δt 扫略过的体积，m^{3}。

当网格没有产生变形而是整体相对滑动，如柱塞腔流体域网格与配流盘内流道网格之间的相对滑动，也将会给控制方程带来影响。由于控制体网格没有变化，式(5-16)～式(5-19) 可以简化为

$$V^{n_{t}+1}=V^{n_{t}} \tag{5-20}$$

$$\frac{d}{dt}\int_{V}\rho\phi_{f}dV = \frac{[(\rho\phi_{f})^{n_{t}+1}-(\rho\phi_{f})^{n_{t}}]V}{\Delta t} \tag{5-21}$$

$$\sum_{j}^{n_{f}}\vec{u}_{g,j}\vec{A}_{j}=0 \tag{5-22}$$

5.2.3　边界条件与求解策略

在计算域中，模型中存在两处宏观相对运动，如图 5-5 所示，分别为柱塞腔网格的直线运动与旋转运动。

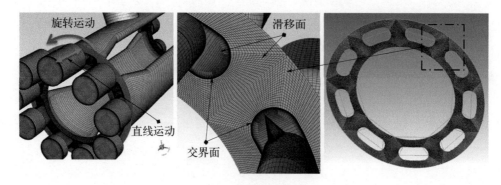

图 5-5　流体域网格形状与位置变化

对于柱塞随转子绕固定配流盘的旋转运动，模型在相对运动的柱塞腔流体网格与配流窗口流体网格之间采用滑移边界条件。对于另一个宏观相对运动——柱塞的往复运动，则通过对柱塞端面进行铺层实现。当柱塞端面处网格高度超过或小于一定值时，网格将相应增加或减少一层。柱塞端面的运动速度取决于柱塞的位置角与转子的转速，可以通过式(5-23)计算。

$$v_i = R\tan\gamma\,\frac{\cos(\phi_i + \Delta t\omega_r) - \cos\phi_i}{\Delta t} \tag{5-23}$$

流体模型有三个不同轴向位置的压力入口/出口，如图 5-3 所示。A 与 T 配流窗口的边界条件设置为压力入口，$p_A = 10\text{MPa}$，$p_B = 1\text{MPa}$。B 配流窗口端的边界条件被设置为压力出口，通过第 4 章中模型获得的在不同控制角与不同转速液压变压器排油口压力值，设定所有的壁面边界都为无滑移边界条件，并在近壁面处理方法中采用标准的壁面函数。油液的密度设置为 840kg/m^3，油液的黏度设置为 0.0277kg/(m·s)。除此之外需要说明的是，数值模拟是在如下假设前提下进行的：①忽略管路粗糙度的影响；②油液为满足斯托克斯假设的牛顿流体；③油液的性质假定为恒定的并且油液处于热力平衡状态。

压力分离求解器的求解过程如图 5-6 所示，在 CFD 仿真过程中，通过 C 程序编写的用户自定义函数将以动态链接库的形式挂到求解器上，从而能够在计算循环内调用用户自定义函数来更新网格形状与位置，并求解预先定义的计算[110]。转子的旋转运动控制是在每一离散时间开始之前，通过在用户自定义函数中调用 DEFINE_ZONE_MOTION 宏函数来实现的；而柱塞的往复运动是通过调用 DEFINE_CG_MOION 宏函数实现的。除此之外，通过调用 Global Reduction 宏函数，实现在并行计算过程中对各计算节点流体域分块网格中数据的处理。柱塞腔中的瞬时压力值将在该离散时间上计算收敛后，基于收敛的流体域通过调用 DEFINE_EXECUTE_AT_END 宏函数获得，随后通过定义的全局变量传递给 DEFINE_FN_REPORT 宏函数。

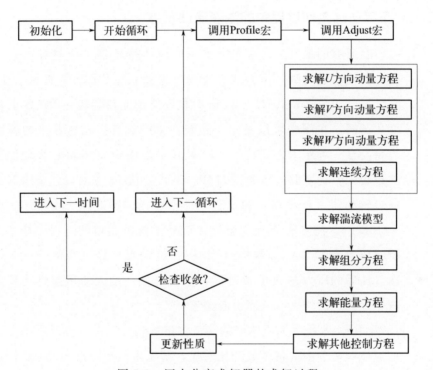

图 5-6　压力分离求解器的求解过程

在模型的求解过程中，动量方程、湍动能以及湍动能耗散项通过一阶迎风格式离散。压力通过 PRESTO 格式离散，气相通过 QUICK 格式离散。除此之外，时间的离散采用时间隐式积分方法。所得到的离散后的几何方程通过基于压力的速度分离求解方法（semi-implicit method for pressure-linked equations，SIMPLE）求解，为保证结果的正确性，残差收敛精度设置为 10^{-4}。为了捕获流场的瞬时特性，时间离散步长设置为 10^{-5}s。仿真使用 20 核高性能工作站采用并行计算，所有 C 函数均通过条件编译的形式进行并行化处理，以保证其能够分别在 host 与 node 计算节点上运行。采用双精度计算以保证结果的准确性。

5.3
双转子液压变压器减压过渡特性的仿真研究

5.3.1　液压变压器工作过程中的油液流动状态

在研究的最开始，首先需要明确液压变压器工作过程中柱塞腔及减振槽附近的瞬时压力状态及瞬时流动状态。图 5-7 展示了在 $\delta=45°$、$n=1000\text{r/min}$、$H=3\text{mm}$ 时柱塞绕配流盘旋转一周的瞬时压力变化云图。在图中可以看出，随着柱塞的旋转，柱塞腔中的瞬时压力将会在三种压力之间转换。柱塞由 T 配流窗口转动至 B 配流窗口的过程中，柱塞腔内压力由 1MPa 增加至 6MPa 左右。柱塞由 B 配流窗口转动到 A 配流窗口的过程中柱塞腔内的瞬时压力由 6MPa 增加至 10MPa。柱塞由 A 配流窗口转动至 T 配流窗口的过程中柱塞腔内瞬时压力将由 10MPa 骤降至 1MPa。可以看出经过在两个过渡区两次升压后的压力在 A-T 过渡区一次性降回，增大的压差将在柱塞腔内引起流速的增大，从而引起湍流。

如图 5-8 所示为流体域的湍流雷诺数切片云图，可以看出在不同的流体域部分中的雷诺数变化明显，湍流雷诺数通过式(5-24)，在各网格处计算而得。

$$Re = \frac{\rho v_{\text{loc}} l^*}{\mu} \tag{5-24}$$

式中　v_{loc}——局部速度，m/s；

　　　l^*——特征长度，m。

图 5-8 中湍流雷诺数的最大值达到了 1000 以上，最小仅为 10 左右，相差两个量级。流体域不同部分间巨大的雷诺数差异表明，采用 SST $k\text{-}\omega$ 湍流模型是合适的，该模型在低雷诺数流动区域、过渡区域以及高雷诺数区域都具有较好的精度。

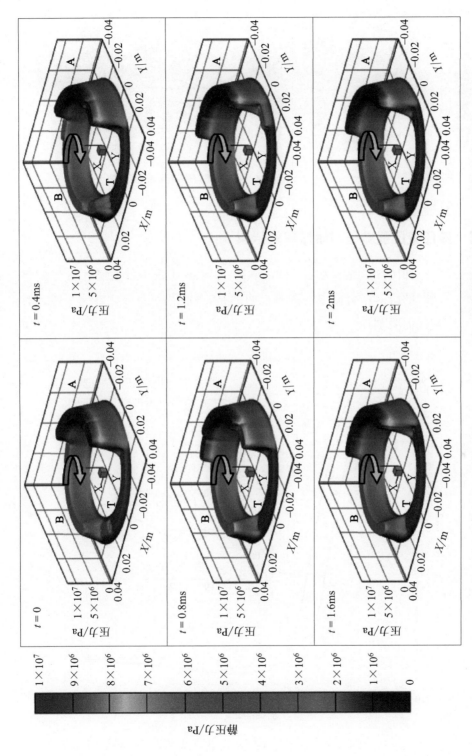

图 5-7　在 $\delta = 45°$，$n = 1000\mathrm{r/min}$，$H = 3\mathrm{mm}$ 时柱塞绕配流盘旋转一周的瞬时压力变化云图

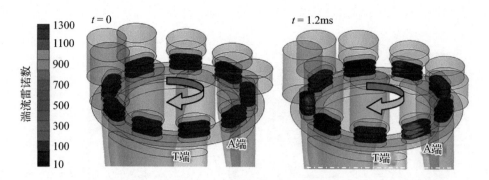

图 5-8　$\delta=45°$、$n=1000\mathrm{r/min}$、$H=3\mathrm{mm}$ 时的湍流雷诺数切片云图

5.3.2　液压变压器减压过渡过程的特点

如图 5-9 所示为 $n=800\mathrm{r/min}$、$\delta=30°$工况下柱塞经过 A-T 过渡区时的瞬时压力曲线。需要说明的是，图中 t_0 表示柱塞完全进入过渡区的时刻。

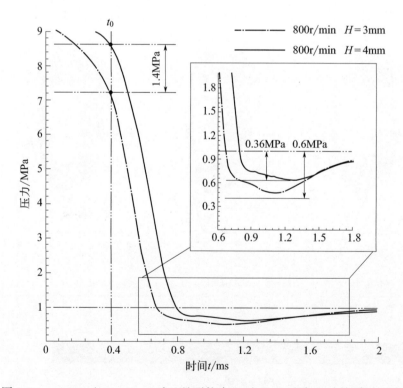

图 5-9　$n=800\mathrm{r/min}$，$\delta=30°$工况下柱塞经过 A-T 过渡区时的瞬时压力

　　可以看出，在 t_0 时柱塞腔的瞬时压力已经降低至 p_A 以下，而 $H=4\text{mm}$ 时的瞬时压力比 $H=3\text{mm}$ 时高 1.4MPa。当 $t>t_0$ 时，柱塞将离开 A-T 过渡区，柱塞腔内的瞬时压力会迅速降低至 T 配流窗口压力 p_T 以下，随后逐渐升高回 p_T，并完成压力由 p_A 向 p_B 的转变。由图 5-9 还可以看出，在这一过程中将产生最小瞬时压力 p_{min}，$H=4\text{mm}$ 时的瞬时过渡压力曲线在时间上明显落后于 $H=3\text{mm}$ 时的瞬时过渡压力曲线，$H=4\text{mm}$ 时的最小瞬时压力为 0.64MPa，而在 $H=3\text{mm}$ 时的最小瞬时压力仅为 0.4MPa。

　　为了对压力过渡过程有一个更深入的理解，图 5-10 展示了 $H=3\text{mm}$、$\delta=30°$、$n=800\text{r/min}$ 时柱塞经过 A-T 过渡区过程中的瞬时压力云图。可以看出，最明显的是柱塞在整个运动过程中一直向外伸出，导致柱塞腔在整个过渡过程中持续膨胀。当时间 $t<4\text{ms}$ 时，柱塞腔逐渐脱离 A 配流窗口，且柱塞腔内瞬时压力在进入过渡区过程中逐渐降低。在柱塞完全进入过渡区以后（$t=4\text{ms}$），柱塞腔内的压力将由 10MPa 降低至 7MPa。这是由于柱塞腔膨胀和柱塞腔与 A 配流窗口之间通流面积减小共同作用的结果。此时，柱塞腔仅仅与减振槽相连，而与 A、T 配流窗口隔离。在柱塞进入过渡区的过程中，油液将在压差的作用下从 A 配流窗口经减振槽进入柱塞腔之中。

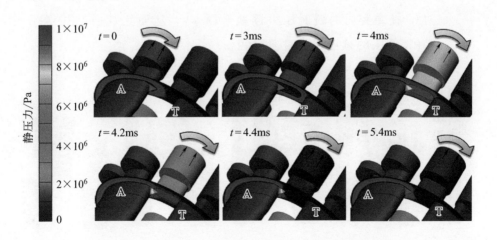

图 5-10　$H=3\text{mm}$、$\delta=30°$、$n=800\text{r/min}$ 时柱塞经过 A-T
过渡区过程中的瞬时压力云图

　　如图 5-11 所示为柱塞经过 A-T 过渡区时的瞬时流速云图。可以看出，瞬时流速随压差的增加而增大，在 $t=4\text{ms}$ 时的最大流速达到了 70m/s 左右。当 t 大于 4ms 以后，柱塞腔与减振槽之间的通流面积逐渐减小。由于通流面积本来就很小，再加上柱塞腔的膨胀，柱塞腔内的瞬时压力急剧下降。由图 5-9 可以看出，瞬时压力仅仅在 0.2ms 的时间内便由 $t=4\text{ms}$ 时的 7MPa 降低至 $t=4.2\text{ms}$ 时的 2.5MPa，随后在 4.4ms 时又进一步降低至 1MPa 以下。需要注意的是，在柱塞腔内瞬时压力降低至 p_T 之前，柱塞腔内压力与相邻油口间的压差不仅将导致从 A 配流窗口通过减振槽向柱塞腔内的油液流动，还将引起由柱塞腔向 T 配流窗口的油液流动，这一现象可在图 5-11 中观察到。可以看出，在 $t=4.2\text{ms}$ 时刻流入柱塞腔的油液流速进一步增大至 100m/s，同时由柱塞腔流入 T 配流窗口的最大流速也有 25m/s 左右。尽管这个过程很短暂，在转速为 800r/min 时小于 0.2ms，然而依然将产生容积损失。减振槽容积损失的影响将在稍后的研究中讨论。在柱塞腔内瞬时压力低于 p_T 以后，柱塞容腔与 T 配流窗口之间的油液流动将会反向，油液在压差作用下将从 T 配流窗口流入柱塞腔。可以看出在 $t=5.4\text{ms}$ 时刻时，从 T 配流窗口流入柱塞腔的油液的最大流速为 30m/s 左右。在这个过程中，将产生最小瞬时过渡压力 $p_{\min}$。最后随着柱塞腔与 T 配流窗口之间通流面积的增大，柱塞腔内的瞬时压力逐渐升回 p_T，从而完成由 CPR 高压至 CPR 低压的减压压力过渡过程。

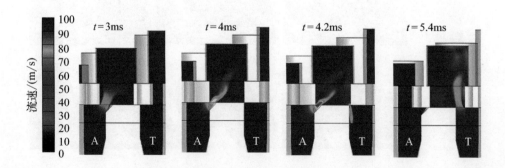

图 5-11　$H=3\text{mm}$、$\delta=30°$、$n=800\text{r/min}$ 时柱塞经过 A-T
过渡区过程中的瞬时流速切片云图

5.3.3　工作参数对减压过渡特性的影响

在液压变压器的工作过程中，柱塞腔容积的体积变化率对瞬时压力过渡特性有重要影响。由式(5-1) 可以看出，一旦转速与控制角发生了变化，柱塞腔容积的体积率也将随之改变，从而将对瞬时过渡压力造成影响。

如图 5-12 所示为转速 n 分别为 800r/min 与 1200r/min 时的压力过渡特性。如图 5-12(a) 所示为 800r/min、$H = 3$mm、$\delta = 30°$时柱

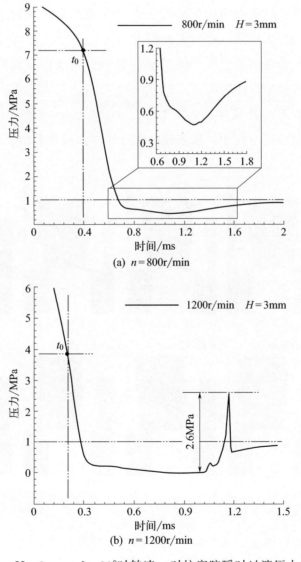

(a) $n = 800$r/min

(b) $n = 1200$r/min

图 5-12　$H = 3$mm、$\delta = 30°$时转速 n 对柱塞腔瞬时过渡压力的影响

塞经过 A-T 过渡区过程中腔内的瞬时压力曲线。可以看出此时压力最小值约为 0.45MPa。当转速增加至 1200r/min 以后，如图 5-12（b）所示，与 800r/min 时的结果相比瞬时压力的下降更加明显。在 $t=t_0$ 时刻，柱塞腔内的瞬时压力仅为 4MPa，远低于 800r/min 时的 7MPa。除此之外，压力过渡过程中所产生的最小瞬时过渡压力 p_{min} 在转速升高后甚至降低至空气分离压与饱和蒸气压以下。从图 5-12（b）中还可以看出，在柱塞离开 A-T 过渡区并进入 T 配流窗口的过程中产生了一个峰值为 2.6MPa 的压力尖峰。峰值过后瞬时压力继续升高至 p_T 并完成压力过渡。压力尖峰的产生可能是由于在 $t=0.6\sim1$ms 时间内，柱塞腔内由于瞬时压力过低而产生的气泡迅速破裂，产生的压力冲击所致。柱塞腔内瞬时压力低于空气分离压与饱和蒸气压以后，油液将会气化，同时油液中的空气也将会析出，其实质为液相的质量向气相转换。

如图 5-13 所示为 $H=3$mm、$\delta=30°$、$n=1200$r/min 时柱塞经过 A-T 过渡区过程中，柱塞腔内瞬时气体体积分数切片云图。

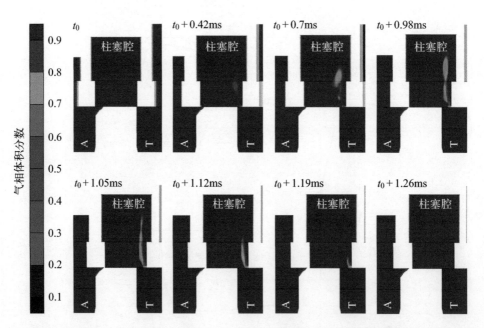

图 5-13　$H=3$mm、$n=1200$r/min、$\delta=30°$时瞬时气体体积分数切片云图

可以看出，在总体上气体体积分数从柱塞离开 A-T 过渡区时开始出现，并在柱塞进入 T 口后逐渐消失。大量的气泡首先出现在

$t = t_0 + 0.42$ms 时刻的 T 配流窗口附近。这是由于柱塞腔内瞬时压力的降低与流速的升高共同引起的。气体体积分数在 $t = t_0 + 0.98$ms 时刻达到最高值，随后在 $t = t_0 + 1.26$ms 时刻全部消失。在气泡消失的过程中，气相向液相的转换速度很快，进而在柱塞腔内形成压力冲击，从而导致如图 5-12(b) 所示的压力尖峰。气泡的产生与破裂不仅将损坏变压器自身的结构，而且会带来巨大的振动与噪声。必须保证液压变压器在工况改变以后最小瞬时过渡压力 p_{min} 高于空气分离压与饱和蒸气压。因此，工作参数对 p_{min} 的影响十分重要，很值得研究。

如图 5-14 所示为控制角 δ 对 p_{min} 的影响。如图 5-14(a) 所示为在转速为 600r/min 的工况下 p_{min} 与控制角 δ 之间的关系。可以看出，随着 δ 的增加，p_{min} 的值开始时呈下降趋势，在 $\delta = 30°$ 附近达到最小值，随后逐渐升高。$H = 2$mm 时，p_{min} 的值浮动剧烈，其值由 $\delta = 30°$ 时的 0.37MPa 迅速增加至 $\delta = 90°$ 时的 0.9MPa。除此之外，随着 δ 的增加，在所有四种减振槽深度 H 下的 p_{min} 值都最终将在 $\delta = 90°$ 附近达到 0.9MPa。还可以看出，在控制角相同的情况下，p_{min} 的值随着 H 的增大而增高，这一现象在控制角较小时尤其明显。例如 $\delta = 30°$ 时，p_{min} 的值将由 $H = 2$mm 时的 0.37MPa 增加至 $H = 3$mm 时的 0.72MPa。

如图 5-14(b) 所示为转速由 600r/min 增加至 800r/min 以后，p_{min} 与控制角之间的关系曲线。可以看出，转速增加以后，p_{min} 的值相比 600r/min 时有明显的降低。p_{min} 减小的幅度在控制角 $\delta = 30°$ 附近时最大，其中 $H = 2$mm 下的 p_{min} 值甚至降低至空气分离压与饱和蒸气压以下。

根据以上分析，最小瞬时过渡压力 p_{min} 的值将在控制角 $\delta = 30°$ 时达到最小。然而液压变压器工作在 CPR 系统中时，往往运行在控制角小于 60° 的区间中[10]。因此有必要研究在控制角 $\delta = 30°$ 工况下，p_{min} 随转速的变化情况。

如图 5-15 所示为控制角 $\delta = 30°$ 时 p_{min} 与转速之间的关系。可以看出当转速很低时，三种深度的减振槽都能实现保持 p_{min} 在 0.8MPa 以上。然而，随着转速的增大，$H = 2$mm 时的 p_{min} 将在 600r/min 降低至 0.4MPa，而 $H = 3$mm 和 4mm 时 p_{min} 依然能够保持在

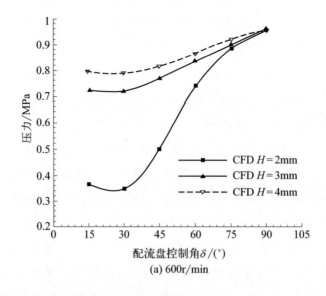

(a) 600r/min

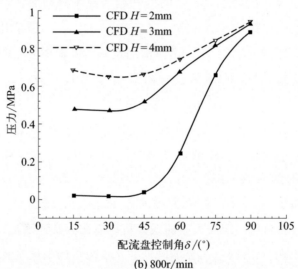

(b) 800r/min

图 5-14　最小瞬时压力 p_{min} 与控制角间的关系

0.8MPa 左右。当转速进一步增大至 800r/min，$H=2$mm 时的 p_{min} 将进一步下降至空气分离压与饱和蒸气压附近。此时，如果转速继续增大，吸空现象将会产生，严重时将造成气蚀。

　　如图 5-16 所示为 $H=2$mm、$n=1200$r/min 时柱塞经过 A-T 过渡区过程中，柱塞腔内的气体体积分数切片云图。可以看出，相比于 $H=3$mm 时的气体体积分数，如图 5-13 所示，气泡的产生与破裂更加剧烈。其中，当 $H=3$mm 时气泡在 $t=t_0+1.26$ms 后已经基本

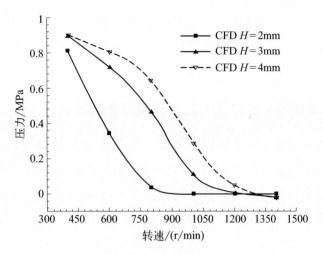

图 5-15　转速 n 对最小瞬时压力 p_{min} 的影响

消失了，而在 $H=2mm$ 时，直至 $t=t_0+1.33ms$ 还存在明显的气泡，此时，与较小的减振槽不同，柱塞与 T 配流窗口之间的通流面积增大很快，柱塞腔中的气泡将随柱塞进入 T 配流窗口而快速破裂并产生压力冲击，严重时还将造成气蚀。除此之外，从图 5-16 中还可以看出，H 增大后，p_{min} 在一定转速范围内将明显提高。因此，通过改变减振槽的尺寸能够有效控制柱塞经过过渡区时柱塞腔中出

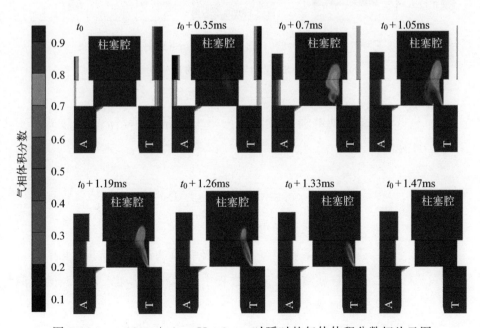

图 5-16　$n=1200r/min$、$H=2mm$ 时瞬时的气体体积分数切片云图

现的最小瞬时过渡压力。然而，由于液压变压器结构的特殊性，柱塞腔通流截面包角与过渡区包角相同，增大的减振槽将产生容积损失。接下来对这一问题进行探讨。

5.3.4　减振槽对最小过渡压力以及容积损失的影响

由 5.3.2 小节的研究可知，当柱塞刚开始离开 A-T 过渡区时，瞬时压力是高于 T 配流窗口中的压力的，如图 5-17 所示。在压力差的驱动作用下，油液将从柱塞腔流入 T 配流窗口，从而导致容积损失的产生。

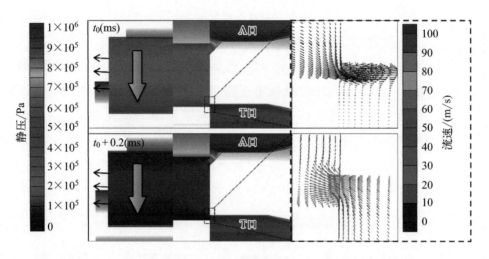

图 5-17　$\delta=30°$、$n=800\mathrm{r/min}$、$H=3\mathrm{mm}$ 时柱塞经过 A-T
过渡区过程中容积损失的产生

容积损失能够通过容积损失率 η 定量表示，η 可通过式(5-25)计算。

$$\eta=\frac{M_\mathrm{T}}{M_\mathrm{A}+(0.5+\sin\theta_\mathrm{t}+\cos\theta_\mathrm{t})RA\rho_\mathrm{m}\tan\gamma}\times100\%\quad(5\text{-}25)$$

式中　θ_t——过渡区位置角，(°)；

M_T——由柱塞容腔流入 T 配流窗口的油液的质量，kg；

M_A——柱塞离开过渡区过程中通过减振槽流入柱塞腔的油液的质量，kg。

M_T 和 M_A 能够用通过在 DEFINE_EXECTUE_AT_END 宏中调

用由 C 程序编写的用户自定义函数计算求得，首先把各计算节点上流体域网格上的数据传递回 host 节点，在进行数值积分后通过全局变量将值传递给 DEFINE_FN_REPORT 宏以获取瞬时结果。式(5-27)中分母的第二项代表着在柱塞进入过渡区过程中由 A 配流窗口流入柱塞腔的油液的质量。在减振槽尺寸对 $p_{\min}$ 的影响的研究中，除了 $p_{\min}$ 本身以外，还将考虑柱塞经过过渡区时产生的容积损失率 η。

如图 5-18 所示为 $\delta = 30°$ 时减振槽深度 H 对最小瞬时压力 $p_{\min}$ 与容积损失率 η 的影响。

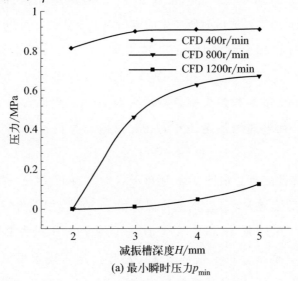

(a) 最小瞬时压力 $p_{\min}$

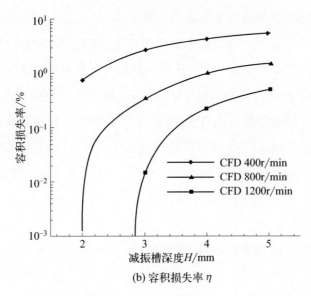

(b) 容积损失率 η

图 5-18　$\delta = 30°$ 时减振槽深度 H 对最小瞬时压力 $p_{\min}$ 与容积损失率 η 的影响

在图 5-18（a）中可以看出，当转速为 400r/min 时，p_{min} 的变化量很小，首先由 $H=2$mm 时的 0.8MPa 增加至 $H=3$mm 时的 0.9MPa，随后保持在 0.9MPa。当转速升高至 800r/min 以后，$H=2$mm 时的 p_{min} 将首先降低至空气分离压与饱和蒸气压附近，并随着 H 的增大，p_{min} 在 $H=4$mm 时迅速增加至 0.63MPa 并保持稳定。随着转速进一步增加至 1200r/min，尽管 p_{min} 依然随 H 的增大而有所增加，但是增加量并不明显，p_{min} 的值依然很小。可以看出，$H=5$mm 时 p_{min} 的值仅为 0.15MPa。如图 5-18（b）所示为柱塞经过 A-T 过渡区时所产生的容积损失率曲线。可以看出，容积损失率随 H 的增大而增大，而随转速的增大而减小。例如，当 $H=2$mm 时，400r/min 的容积损失率仅为 0.7%，而当 H 增加至 5mm 后，400r/min 的容积损失率急剧增大至 10%。然而，当 H 保持在 5mm 不变，而转速增加至 1200r/min 以后，容积损失率又降低至 0.5% 附近。

除此之外，由图 5-18 还可以看出，当 H 超过一定值以后，随着 H 的继续增大，p_{min} 的值将保持稳定，而容积损失率则一直在增大。例如，当 H 从 4mm 增大至 5mm 以后，容积损失率从 0.8% 增大至 1.2%，而 p_{min} 的值则基本保持稳定。这一现象可以通过图 5-19 解释，其展示了两种减振槽深度情况下，柱塞离开过渡区进入 T 配流窗口过程中的速度矢量压力云图。

可以看出，当柱塞将要离开过渡区时，$H=5$mm 时的瞬时压力明显高于 $H=4$mm 时的情况，由于更高的瞬时压力，导致由柱塞腔进入 T 配流窗口的流速在 $H=5$mm 时更大，从而引起更大的容积损失率。随着柱塞进入 T 配流窗口范围增大，柱塞腔内瞬时压力的降低将减缓进入 T 配流窗口的油液流动。在 $H=4$mm 时，流速在 $t=0.2$ms 时已经很小，而在接下来的 0.2ms 油液流动甚至出现了反向。然而在 $H=5$mm 时，油液流动方向反转的现象直至 $t=0.4$ms 都不是很明显。由于此时柱塞腔与 T 配流口之间的通流面积还很小，同时柱塞腔体积依然在快速膨胀，p_{min} 的增大趋势将受到阻碍。为了减少容积损失率，从而提高能量转化效率，减振槽的深度应该在满足 p_{min} 要求的情况下尽量小。由于当 H 大于 3mm 以后，p_{min} 基本

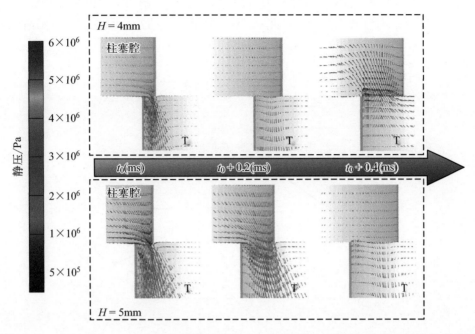

图 5-19　$n=800 \mathrm{r/min}$ 时柱塞离开过渡区进入 T 配流窗口过程中的速度矢量压力云图

保持稳定，而容积损失率依然在增大，因此在接下来的研究中选择 $H=3 \mathrm{mm}$ 的情况进行讨论。

如图 5-20 所示为控制角 $\delta=30°$ 时减振槽长度 L 对 $p_{\min}$ 以及容积损失率的影响。可以看出，当转速为 $400 \mathrm{r/min}$ 时，$p_{\min}$ 由 $L=2 \mathrm{mm}$ 时的 $0.65 \mathrm{MPa}$ 迅速增大至 $L=3 \mathrm{mm}$ 时的 $0.89 \mathrm{MPa}$，随后保持在 $0.9 \mathrm{MPa}$ 左右。转速增大至 $800 \mathrm{r/min}$ 以后，$p_{\min}$ 的值则将在 $L=2 \mathrm{mm}$ 时低于空气分离压与饱和蒸气压。随着 L 的增大，$p_{\min}$ 逐渐升高，并在 $L=4 \mathrm{mm}$ 时达到 $0.67 \mathrm{MPa}$ 并保持稳定。当转速进一步增大至 $1200 \mathrm{r/min}$ 以后，随着 L 的增大，$p_{\min}$ 则具有首先增大随后减小的变化趋势，$p_{\min}$ 最终在 $L=5 \mathrm{mm}$ 时达到最大值 $0.5 \mathrm{MPa}$。然而此时，容积损失率却依然随着长度 L 的增加而不断增大。当转速在 $400 \mathrm{r/min}$ 与 $1200 \mathrm{r/min}$ 之间变化时，$p_{\min}$ 与容积损失率的值将位于 $400 \mathrm{r/min}$ 与 $1200 \mathrm{r/min}$ 之间。当长度 $L=4 \mathrm{mm}$ 时，在 $400 \mathrm{r/min}$ 与 $800 \mathrm{r/min}$ 下的容积损失率仅为 4.5% 和 1%，而 $p_{\min}$ 的值在 L 大于 $4 \mathrm{mm}$ 以后保持基本稳定，分别为 $0.9 \mathrm{MPa}$ 与 $0.72 \mathrm{MPa}$。当转速进一步增大至 $1200 \mathrm{r/min}$ 以后，

$L=4\text{mm}$ 时的 $p_{\min}$ 亦能够保持在 0.3MPa 以上，而此时的容积损失率仅为 0.16%。因此，减振槽尺寸为 $H=3\text{mm}$、$L=4\text{mm}$ 时能够避免在工作参数改变后柱塞腔内产生过低的瞬时过渡压力，同时将容积损失率保持在较低值。

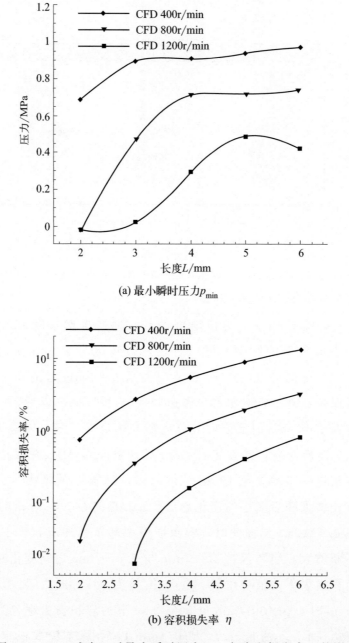

(a) 最小瞬时压力$p_{\min}$

(b) 容积损失率 η

图 5-20　$\delta=30°$时 L 对最小瞬时压力 $p_{\min}$ 与容积损失率 η 的影响

5.4
小结

　　本章首先对比了柱塞经过配流盘各过渡区时的压力过渡特点。随后针对液压变压器的减压过渡特性展开 CFD 研究。建立了精确的 3D 双转子液压变压器流体域模型，并完成了高质量的网格划分。该瞬态模型基于动网格理论，同时考虑了湍流与空穴现象的影响。在各离散时间与迭代周期内通过调用通过 C 程序编写的用户自定义函数实现对流体域网格形状与位置变化的控制，以及完成基于各场量的数值积分计算和数据后处理。通过配流窗口均布情况下的柱塞腔内瞬态压力随转速、控制角以及减振槽结构尺寸等参数变化规律的探讨，可以得出以下结论。

　　① 当转速很低时，在控制角的整个变化范围内经过 A-T 过渡区的柱塞腔内的瞬时压力都能保持在一定值。而随着转速的增高，在 $\delta=30°$ 附近工况下的柱塞瞬时过渡压力将首先降低至空气分离压与饱和蒸气压，从而产生吸空现象。随着柱塞与 T 配流窗口之间的通流面积的增大，柱塞腔内由于吸空而产生的气泡将迅速破裂，从而更容易引起气蚀。因此，小控制角下的转速极限值应被限制为低于大控制角工况。分析可知，液压变压器的输出窗口排量随控制角的增大而减小，虽然小控制角工况下极限转速有所减低，但是相对大控制角工况其依然能输出较大流量。因此，限制小控制角工况下的转速以避免瞬时过渡压力过低的要求是能够满足的。

　　② 在配流盘过渡区加工减振槽能够有效提高转子的转速限度。随着减振槽尺寸的增大，柱塞腔内瞬时过渡压力的最小值 p_{min} 将升高，然而当减振槽尺寸超过一定值后，p_{min} 的增大效果将不明显。这是由于减振槽尺寸超过一定限度后柱塞进入 A-T 过渡区过程中压力下降量减小造成的。

　　③ 由于柱塞离开减振槽并进入 T 配流窗口的过程中，容腔内的瞬时压力降低至 p_T 需要一定时间。当腔内瞬时压力高于 p_T 时，油液将在压差驱动下由柱塞腔流入 T 配流窗口，进而产生容积损失。

转速增加后由于柱塞经过减振槽的时间缩短，再加上瞬时压力下降相对提前，容积损失率将随转速的增加而降低。通过对减振槽的参数化研究可以得出对于本研究实例而言，深度 $H=3\mathrm{mm}$、长度 $L=4\mathrm{mm}$ 的减振槽能够在满足在较大转速变化范围内不出现过低的瞬时过渡压力，同时能够保证较低的容积损失率。

第 **6** 章

配流盘表面非光滑凹坑润滑承载特性研究

为了在高压高速工况下提高液压变压器配流副的摩擦和磨损性能，将仿生非光滑表面凹坑设计在液压变压器配流盘的表面。对非光滑表面润滑承载机理进行分析，揭示液压变压器配流盘仿生非光滑表面凹坑润滑承载机理是设计高性能液压变压器配流副的先决条件。仿生非光滑表面凹坑的结构复杂，性能影响因素多，以及实验研究的成本高且周期长，使用传统理论分析方法进行研究的局限性越发明显。

目前，随着计算机技术的迅猛发展，算力成倍增加，这使得计算流体动力学（CFD）技术越来越成为先进、快速、可靠的分析工具。本研究将利用计算流体动力学数值模拟的方法对配流盘仿生非光滑表面凹坑的特性进行研究，进而揭示其润滑承载机理。首先针对液压变压器配流盘摩擦副结构，采用高级三维建模软件建立配流盘与缸体两者之间的仿生非光滑表面凹坑流体域三维几何模型，模型精度为 0.00001mm；然后对流场进行数值仿真，使用后处理工具对计算收敛后的流场进行信息提取，从而通过分析仿生非光滑表面凹坑流场截面的速度场以及油膜表面的压力场，探讨仿生非光滑凹坑表面的润滑承载机理；在此基础上，进一步研究探讨不同形状、分布、油膜厚度对仿生非光滑表面凹坑承载能力的影响，指导高性能液压变压器配流副的设计。

6.1
液压变压器配流副非光滑表面流场数值模拟方法

6.1.1 非光滑凹坑表面流场数值仿真模型的建立

如图 6-1 所示为液压变压器配流副仿生非光滑凹坑表面流场模型的示意。本研究建立了液压变压器配流副表面油膜以及凹坑的流体域模型。液压变压器的配流盘与缸体之间相接触的摩擦面为仿生非光滑凹坑表面，呈圆环状。配流副仿生非光滑表面流场的凹坑流体域呈散射状离散分布，具体分布如图 6-1(a) 所示。其中在摩擦副的下表面，配流盘上有凹坑的仿生非光滑面固定不动，缸体相对配流

盘绕主轴做转速为 n 的旋转运动。缸体与配流盘之间在工作过程中将形成一层厚度为 $10\mu m$ 左右的油膜。该油膜与非光滑表面凹坑内的流体域一起组成了本研究的数值模拟流体域，称为摩擦副仿生非光滑表面流场，即数值模拟时所计算的几何模型，其结构如图 6-1(b) 所示。

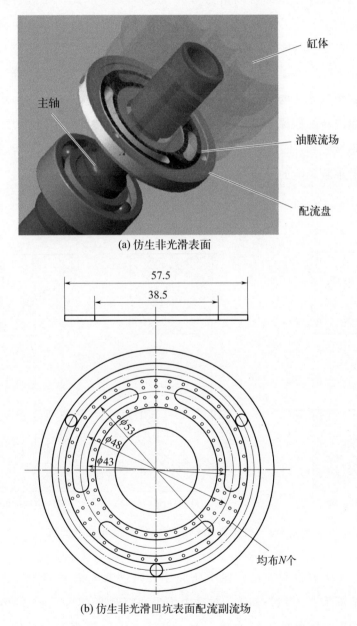

(a) 仿生非光滑表面

(b) 仿生非光滑凹坑表面配流副流场

图 6-1　液压变压器配流副仿生非光滑凹坑表面流场模型的示意

本研究对六种不同的非光滑表面凹坑类型进行研究，不同凹坑类型的结构如图 6-2 所示，分别为半球坑、锥坑、柱锥坑、柱形坑、柱球坑及阶梯柱坑。非光滑凹坑不同于之前所研究的表面凹槽（如三角形减振槽、矩形减振槽等），其并没有与配流窗口连通，同时不同凹坑之间具有不同的底面形状。由图 6-2 可以看出，六种凹坑的结构尺寸和形状都可以由参数 d 完全确定。因此，在进行数值模拟研究的过程中，液压变压器仿生非光滑表面配流副的表面流场由油膜厚度 h、凹坑直径 d 以及配流副上分布的凹坑数量 N 完全确定。除此之外，由于摩擦副是由缸体与配流盘之间相对旋转运动而产生，其相对旋转的速度 n 也在本研究的考虑之中，在下文中将与缸体一起旋转的面称为动面。综上所述，本研究主要做了对凹坑直径 d、油膜厚度 h、凹坑数量 N 和动面转速 n 以及对仿生非光滑表面流场润滑承载影响的分析与探讨方面的工作。

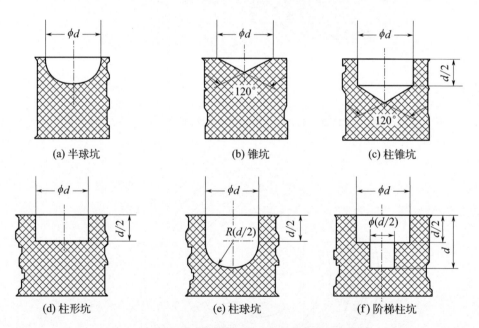

图 6-2 六种不同结构的液压变压器非光滑凹坑

需要说明的是，在本研究中，六种非光滑表面凹坑直径的变化范围为 $0.3\sim1.6\text{mm}$，并且由于当油膜厚度 h 达到 $1\sim100\mu m$ 时，摩擦副之间将处于流体动压润滑状态，油膜厚度变化范围一般为 $2\sim16\mu m$，所以选取油膜厚度 h 的变化范围为 $4\sim16\mu m$。液压变压器配流副仿生非光滑表面流场凹坑数量 N 分别取 48、60、72、84 及 96 这五种情况。动面转速 n 的选取范围为 $800\sim3000\mathrm{r/min}$。除此之外，液压变压器的转速是取决于工作负载的，然而负载往往不恒定，这可能导致油膜被压溃的情况发生。因此，为了研究厚度为 h 的表面油膜被压溃的工况，对油膜厚度 $h=0$ 的工况进行了单独研究。在这种情况下，液压变压器配流副仿生非光滑表面流场都将退化为仅由配流副下表面凹坑中的凹坑流域组成的离散区域。此时分析凹坑直径 d、凹坑数量 N 和动面转速 n 对仿生非光滑表面润滑承载的影响，参数的选取与油膜厚度 $h\neq0$ 时相同。

6.1.2　液压变压器非光滑表面流场的数学模型

液压变压器配流副中表面凹坑的存在使得非光滑表面流场中油液的流动状态变得不能确定。因此在本研究中，采用连续方程，那韦斯托克斯方程以及标准湍流模型作为流体域求解的控制方程。

① 在油液的流动过程中，单位时间内流入有限体积的油液流体微元与流出有限体积的油液流体微元的质量相等，即遵守质量守恒定律，这一特点可以用连续性方程来描述。

$$\frac{\partial\rho}{\partial t}+\frac{\partial(\rho u)}{\partial x}+\frac{\partial(\rho v)}{\partial y}+\frac{\partial(\rho w)}{\partial z}=0 \tag{6-1}$$

式中　ρ——油液的密度，$\mathrm{kg/m^3}$；

　　　t——时间，s；

　u,v,w——速度矢量在 x、y、z 方向上的分量。

② 由于液压变压器中使用的是液压油，根据其特性可以认它是黏度不变的不可压缩流体。在以上假设情况下，Navier-Stokes 方程在 x、y、z 方向上可描述为

$$\frac{\partial(\rho u)}{\partial t}+\frac{\partial(\rho uul)}{\partial x}+\frac{\partial(\rho uv)}{\partial y}+\frac{\partial(\rho uw)}{\partial z}$$

$$=-\frac{\partial p}{\partial x}+\frac{\partial}{\partial x}\left(\mu\frac{\partial u}{\partial x}\right)+\frac{\partial}{\partial y}\left(\mu\frac{\partial u}{\partial y}\right)+\frac{\partial}{\partial z}\left(\mu\frac{\partial u}{\partial z}\right)+S_u \tag{6-2}$$

$$\frac{\partial(\rho v)}{\partial t}+\frac{\partial(\rho vu)}{\partial x}+\frac{\partial(\rho v)}{\partial y}+\frac{\partial(\rho vw)}{\partial z}$$

$$=-\frac{\partial p}{\partial y}+\frac{\partial}{\partial x}\left(\mu\frac{\partial v}{\partial x}\right)+\frac{\partial}{\partial y}\left(\mu\frac{\partial v}{\partial y}\right)+\frac{\partial}{\partial z}\left(\mu\frac{\partial v}{\partial z}\right)+S_v \tag{6-3}$$

$$\frac{\partial(\rho w)}{\partial t}+\frac{\partial(\rho wu)}{\partial x}+\frac{\partial(\rho wv)}{\partial y}+\frac{\partial(\rho ww)}{\partial z}$$

$$=-\frac{\partial p}{\partial z}+\frac{\partial}{\partial x}\left(\mu\frac{\partial w}{\partial x}\right)+\frac{\partial}{\partial y}\left(\mu\frac{\partial w}{\partial y}\right)+\frac{\partial}{\partial z}\left(\mu\frac{\partial w}{\partial z}\right)+S_w \quad (6\text{-}4)$$

式中　　　　P——微元流体上的压力，Pa；

S_u,S_v,S_w——动量方程在 x、y、z 方向上的广义源项。

③ 为了准确地描述油液在仿生非光滑表面凹坑中的流动状态，引入适用范围最广的标准 k-ξ 湍流模型，以考虑油液黏性切应力的影响。标准 k-ξ 湍流模型为两方程模型，其控制方程如下。

$$\frac{\partial(\rho k)}{\partial t}+\frac{\partial(\rho ku_i)}{\partial x_i}=\frac{\partial}{\partial x_i}\left[\left(\mu+\frac{\mu}{\sigma_i}\right)\frac{\partial k}{\partial x_i}\right]+G_k+G_b-\rho\varepsilon-Y_M+S_k$$

$$(6\text{-}5)$$

$$\frac{\partial(\rho\varepsilon)}{\partial t}+\frac{\partial(\rho\varepsilon u_i)}{\partial x_i}=\frac{\partial}{\partial x_j}\left[\left(\mu+\frac{\mu}{\sigma_z}\right)\frac{\partial\varepsilon}{\partial x_j}\right]+G_{i\xi}\frac{\varepsilon}{k}(G_k+G_{3\xi}G_b)-G_{2\varepsilon}\rho\frac{\varepsilon^2}{k}+S_\xi$$

$$(6\text{-}6)$$

式中　k——湍动能，J；

ξ——湍动能耗散率；

u_i——速度分量，m/s，i 取值范围是 1、2、3；

σ_k——湍动能 k 对应的普朗特数；

σ_ξ——湍动能耗散率 ξ 对应的普朗特数；

G_k——由时匀速度梯度引起的湍动能 k 的源项；

G_b——由于体积力引起的湍动能 k 的源项；

Y_M——由于可压缩湍流脉动膨胀对总的耗散率产生的影响；

S_k,Y_k——用户自定义源项。

6.1.3　仿生非光滑表面流场的网格划分及数值算法

在研究液压变压器仿生非光滑表面流场的过程中，需要考虑整个流场的模型，其流场模型及边界条件如图 6-3 所示。在极端情况下，油膜被压溃时即当油膜厚度为 0 时，配流副仿生非光滑流场将仅剩下凹坑流体域。

在进行液压变压器配流副非光滑表面流场网格划分时，由于油膜厚度 h 的量级为毫米，表面凹坑直径 d 的几何尺寸量级为微米，数量级相差很大，因此在进行网格划分的过程中不能采取相同的网

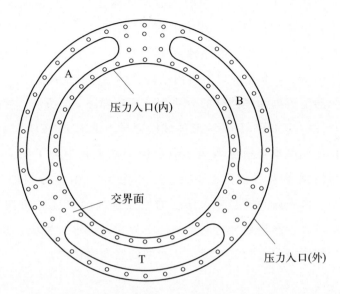

图 6-3　液压变压器仿生非光滑凹坑表面配流副流体域模型及边界条件

格划分策略。在本研究中采用了对油膜网格和凹坑网格进行分块划分而后进行组合的技术。对厚度为 h 的环形流域使用小尺度六面体网格进行网格划分，将其划分为 8 层以确保仿生非光滑表面流场的计算精度；对直径为 d 的凹坑流域使用较大尺度的四面体网格进行网格划分，两者之间通过交界面相连，实现数据的传递与共享。网格划分情况如图 6-4 所示。

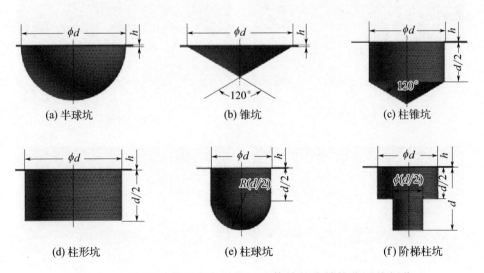

图 6-4　六种不同类型非光滑凹坑流体域的非结构化网格划分

　　液压变压器仿生非光滑表面流体域由两块组装而成，分别为圆环形油膜块和凹坑块，其中油膜的网格划分由于腰形配流窗口的存在具有较大的难度。在本研究中，采用了先进的分块网格划分方法，分块网格 Block 生成以后再由结构化网格转化为非结构化网格。液压变压器配流副油膜网格的分块划分策略如图 6-5 所示，首先将三维建模软件中建立的 3D 油膜流体域模型导入 ICEM CFD，模型导入精度选择比模型本身精度高两个数量级，本研究中为了保证经过三维建模与模型导入后依然具有很高的精度，网格划分模型导入精度为 10^{-6}。采用高的模型导入精度的原因是油膜厚度 h 方向很小，仅仅是微米级。网格划分将配流副油膜分为 7 块进行生成，利用 O-Block 划分腰形槽附近的流体域，从而做到完全贴体。

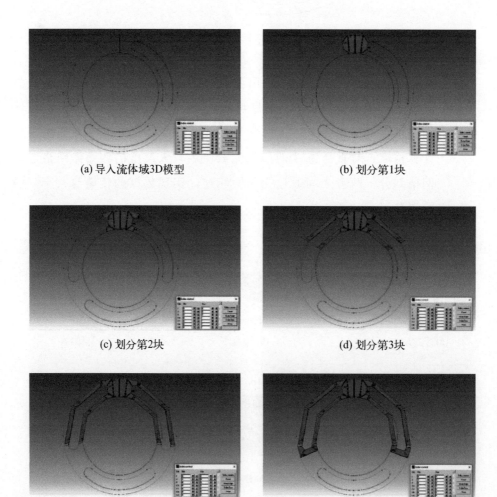

(a) 导入流体域3D模型　　　　　　　　　(b) 划分第1块

(c) 划分第2块　　　　　　　　　(d) 划分第3块

(e) 划分第4块　　　　　　　　　(f) 划分第5块

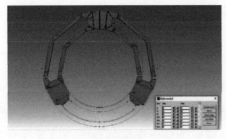 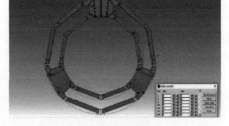

(g) 划分第6块　　　　　　　　　　(h) 划分第7块

图 6-5　液压变压器配流副油膜网格的分块划分策略

　　油膜块 Block 完全生成后如图 6-6 所示，可以通过制定每个 edge 上的节点数量来对配流副油膜流体域进行网格划分。需要说明的是，图 6-6 中的左图为网格划分效果示意图，为了能够清晰地看出整体结构化网格的状态，网格数量比较少。数值模拟中为了保证较高的准确度，网格数量为 200 万个左右。

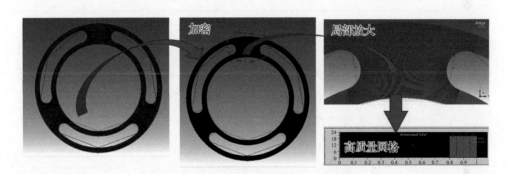

图 6-6　生成高质量的结构化油膜网格

　　凹坑网格和油膜网格分块划分完成以后在网格划分工具中将两者进行合并，同时设置边界条件。完成以后将组合好的网格导入 CFD 软件中进行数据仿真计算。边界条件：设置非光滑表面流场的内外两侧面及三个油口为压力出口、压力入口，设置压力均为 0MPa，排除额外流体压力对研究的影响。在流体域边界条件中设置流场域做转速为 n 的旋转运动，旋转方向按右手定则。设置仿生非光滑表面流场中的流体为 ISO32 号液压油，其密度为 0.840kg/m^3，动力黏度为 $0.0227\text{Pa}\cdot\text{s}$；计算时采用稳态、隐式密度基求解器；湍流模型采用标准 $k\text{-}\varepsilon$ 模型；压力与速度的耦合采用 SIMPLE 算法；

其余采用默认设置进行仿真计算。

6.1.4 液压变压器仿生非光滑表面流场数值模拟及后处理方案

在进行液压变压器数值仿真计算过程中，采用单一变量的研究方法来探讨凹坑类型、油膜厚度、凹坑数量以及动面的旋转速度对非光滑表面流场的影响。表 6-1 所示为整个研究过程中所设置的变量以及其参数。

表 6-1 流场数值模拟方案

数值模拟仿真变量	数值模拟参数				
油膜厚度/μm	16	10	8	6	4
凹坑直径/mm	1.6	1.0	0.8	0.6	0.4
凹坑类型	半球坑、圆锥坑、阶梯坑、柱形坑、锥坑、柱球坑				
凹坑个数 N	18	36	54	72	90
转速/(r/min)	1000	1500	2000	2500	3000

需要说明的是，对于一种特定的凹坑类型，当对其某一变量进行研究时，其余参数采用参考值。参考值设置为：油膜厚度、凹坑直径、动面转速分别取 $10\mu m$、1mm 以及 1000r/min。配流盘仿生非光滑凹坑表面流场中凹坑的数量取 72 为参考值。在数值计算结束以后，将液压变压器仿生非光滑表面配流副流场的凹坑界面速度场、油膜压力场、油膜表面承载能力作为流场特性的表征，对其润滑承载机理进行分析。

6.2
油膜厚度不为零时非光滑凹坑流场仿真结果

6.2.1 六种不同凹坑界面的速度场特性

为了对不同类型凹坑的流体特性进行研究，在对油膜厚度 $h \neq 0\mu m$ 工况进行数值模拟以后，对摩擦副非光滑表面凹坑中流体域的速度场进行了提取。对比发现相同类型的凹坑中速度场的分布状态相似，因此这里以油膜厚度 $h=10\mu\mathrm{m}$、凹坑直径 $d=1.0\mathrm{mm}$、凹坑分布数量 $N=72$ 个、油膜动面转速 $n=1500\mathrm{r/min}$ 的数值模拟结果为例进行分析说明。对分布在直径为 48mm 的圆上的不同类型凹坑进行对比分析，其凹坑流体域的速度矢量图如图 6-7～图 6-12 所示。图中箭头代表流体的运动方向、灰度以及长度代表了油液微元的运动速度的大小。由于非光滑表面凹坑流场的动面是沿着 $-x$ 的方向相对凹坑内的油液流体域运动并产生扰动的，因此在图中可以看出在流体流动作用下凹坑中产生了不同程度的漩涡。

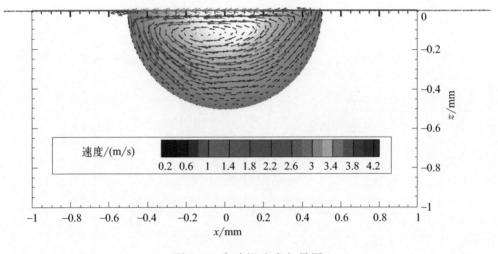

图 6-7　半球坑速度矢量图

由图 6-8 可以看出，由于锥形坑的 y 方向深度值很小，所以锥形坑的最底面油液流体产生了速比较为均匀的漩涡；而对于 y 方向深度值较大的凹坑，如柱锥坑、柱形坑、柱球坑、阶梯坑，这些凹坑的底面附近油液并没有受到明显的影响，只是在凹坑的上半部分产生了速度不是很大的漩涡区域。

为了更加清晰地展示不同凹坑速度场的特性，通过 CFD 后处理做出了六种凹坑截面的迹线图，如图 6-13～图 6-18 所示。在图中可以看出有很多涡状线条，代表了流体的流动迹线，其代表了所在油液流体微元的速度正方向；迹线的灰度则代表了油液流体微元的流速。从图中可以清晰地看出六种不同凹坑中油液流体的流动状态，以及在每一个凹坑中都形成了较为完整但又有着明显区别的漩涡。

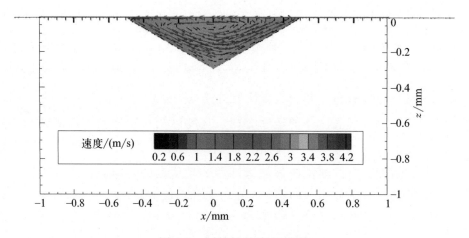

图 6-8　圆锥坑速度矢量图

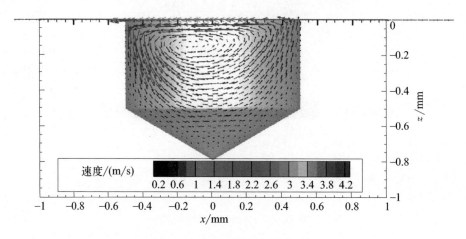

图 6-9　柱锥坑速度矢量图

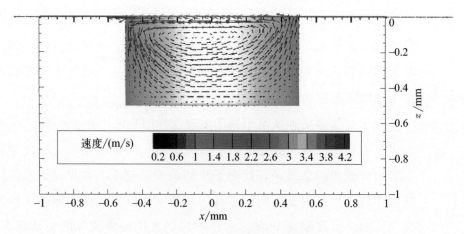

图 6-10　柱形坑速度矢量图

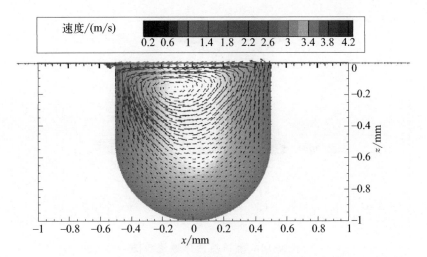

图 6-11 柱球坑速度矢量图

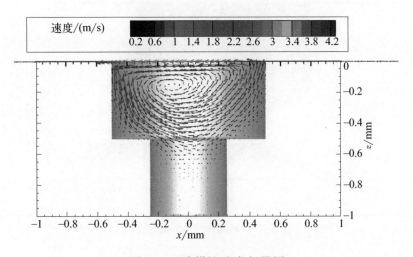

图 6-12 阶梯坑速度矢量图

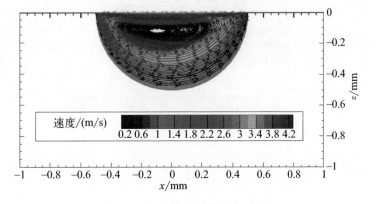

图 6-13 半球坑流体域迹线图

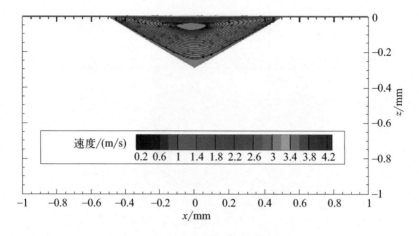

图 6-14　圆锥坑流体域迹线图

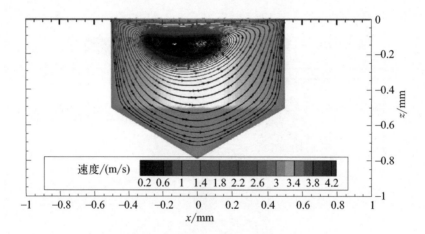

图 6-15　柱锥坑流体域迹线图

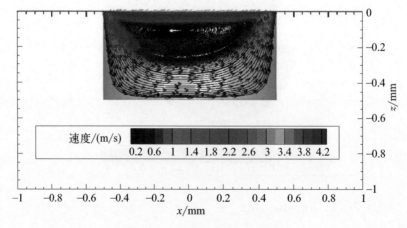

图 6-16　柱形坑流体域迹线图

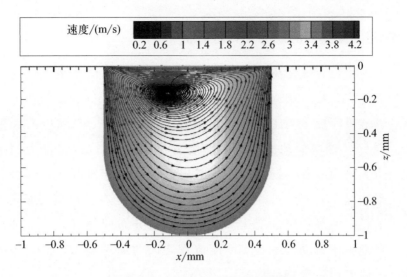

图 6-17　柱球坑流体域迹线图

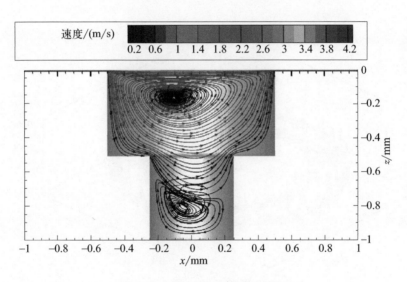

图 6-18　阶梯坑流体域迹线图

除此之外可以看出，阶梯坑的漩涡分布位置明显与其他 5 种凹坑不同，漩涡的高度方向基本在 $-0.1 \sim -0.2 \mathrm{mm}$ 的范围之内。分析可知，这是由于动面相对油膜流体域做旋转运动（通过壁面旋转实现），流场的速度整体是朝着 $-x$ 方向的，流动间隙出现先增大后减小的变化，因此在黏性切应力的作用下，油液产生了一个向左的速度并产生一个大的漩涡。同理，在阶梯柱坑两阶梯部分中由于黏性切应力的作用，产生了一个小的漩涡，该漩涡的运动方向与大漩涡方向相反。

6.2.2　配流副油膜表面压力场特性分析

在对液压变压器配流副非光滑表面凹坑流体域的速度场进行研究后，接下来对其压力场数值模拟结果进行分析与研究。这里以油膜厚度 $h=10\mu m$、凹坑直径 $d=1.0mm$、凹坑分布数量 $N=36$ 个、油膜的动面的旋转速度 $n=1500r/min$ 的工况为例进行说明。采用六种不同类型非光滑表面凹坑的配流副油膜压力分布云图如图 6-19 所示，可以看出由于凹坑的存在，油膜表面压力产生了相应的规律性的变化。这样的压力分布同样可以促进油液在润滑油膜中流动，改善实际配流盘之间的润滑状态，对其摩擦和磨损性能产生影响。

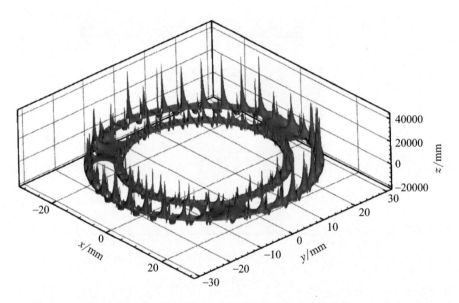

图 6-19　采用六种不同类型非光滑表面凹坑的配流副油膜压力分布云图

由图 6-19 还可以看出，在配流盘表面上产生了与凹坑位置、凹坑数量相同的压力变化区域。图中最高压力超过了 40kPa，高压主要分布在配流副油膜表面的外围，而低压主要分布在配流副油膜表面内侧。这是因为同样的转速下，由于配流副凹坑的分布圆直径较大，所以配流副凹坑位置的线速度也相对较大造成的。对比图中不同凹坑的压力云图可见，图中的压力分布其实是比较接近的，为了更加深入地研究油膜的压力特性，对不同类型、参数下油膜表面所产生的承载力进行了精确的分析。

6.2.3　液压变压器非光滑凹坑表面油膜承载力分析

6.2.3.1　油膜厚度 h 对配流副油膜表面承载力的影响

在研究油膜厚度 h 的影响的过程中，为了便于比较其他参数，采用了前述给出的参考值，即凹坑分布数量 $N=36$ 个、油膜动面转速 $n=1500\mathrm{r/min}$ 以及凹坑直径 $d=1\mathrm{mm}$。承载力的计算通过编写 C 程序，调用 UDF（用户自定义函数）并加载在求解器中实现。主要用到的是 DEFINE_ADJUST 宏函数。油膜非光滑表面配流副承载力数值计算过程如图 6-20 所示。

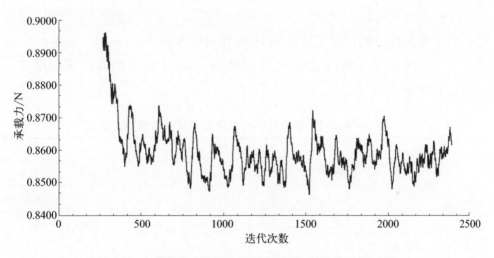

图 6-20　油膜非光滑表面配流副承载力数值计算过程

油膜厚度由 $4\sim16\mu m$ 的变化过程中，采用六种不同类型凹坑的配流副油膜的表面承载力，如表 6-2 所示。由表 6-2 可见，所有配流副仿生非光滑表面的油膜表面承载力都在 $0.6\sim0.9\mathrm{N}$ 的范围之内，这比摩擦副中油膜表面承载力大了许多。但是所有类型仿生非光滑表面的油膜表面承载力的大小基本都没有随油膜厚度的变化而变化。需要说明的是，在所有油膜厚度下，锥坑及半球坑仿生非光滑表面的油膜表面承载性能依然是所有类型非光滑表面凹坑中最好的。

表 6-2 不同油膜厚度情况下液压变压器非光滑表面油膜的承载力

油膜厚度 /μm	油膜表面承载力 $F_p/\times 10^{-1}$N					
	半球坑	锥坑	柱形坑	柱锥坑	柱球坑	阶梯坑
4	7.8	8.4	7.2	6.8	6.7	7.1
6	8.1	8.8	7.8	7.3	7.3	7.7
8	8.5	8.9	7.5	7.4	7.3	7.6
10	8.9	9.5	8.0	8.0	7.9	8.1
16	9.3	9.7	8.1	8.1	7.8	8.3

6.2.3.2 非光滑表面凹坑直径 d 对配流副油膜表面承载能力的影响

同上，在研究非光滑表面凹坑直径对配流副油膜承载能力的影响的时候，其他参数也选取了参考值，即：油膜厚度 $h=10\mu$m、凹坑分布数量 $N=36$ 个、油膜动面转速 $n=1500$r/min。在此工况下，非光滑表面凹坑直径由 0.4mm 逐渐增大到 1.6mm 的过程中，液压变压器仿生非光滑凹坑表面油膜承载力数值仿真结果如表 6-3 所示。

表 6-3 凹坑直径对配流副油膜承载能力的影响

凹坑直径 /mm	油膜表面承载力 $F_p/\times 10^{-1}$N					
	半球坑	锥坑	柱形坑	柱锥坑	柱球坑	阶梯坑
0.4	1.9	2.1	1.8	1.9	1.7	1.9
0.6	4.5	4.9	4.8	4.3	4.2	4.4
0.8	8.1	8.7	7.8	7.6	7.5	7.8
1	8.9	9.5	8.0	8.0	7.9	8.1
1.6	10.7	12.1	8.2	8.8	8.3	8.2

由表 6-3 可以看出，所有配流副仿生非光滑表面的油膜表面承载力都在 0.1~1.0N 的范围之内，它们都随着凹坑直径的增大而逐步增大。采用不同类型的凹坑后，油膜表面承载能力有明显变化。在同样凹坑直径时，锥坑及半球坑仿生非光滑表面的油膜表面承载力比其他类型仿生非光滑表面的油膜表面承载力大，并且之间的差距随着凹坑直径的增大而增大。综合上述分析可以得出，在油膜厚度不为零的情况下：

① 配流副仿生非光滑凹坑可以产生油膜表面承载力；

② 在各参数相同的情况下，锥坑与半球坑仿生非光滑表面的油膜表面承载力明显大于其他类型仿生非光滑表面，说明仿生非光滑表面的油膜表面承载力与坑型有很大的关系。

6.3
配流副油膜被压溃情况下非光滑凹坑流场仿真结果分析

6.3.1　凹坑截面速度场分析

在极端条件下，液压变压器配流副油膜被压溃时，油膜厚度 $h=0$，配流摩擦副上的非光滑表面凹坑截面的速度矢量图与迹线图如图 6-21～图 6-26 所示。在图 6-21～图 6-26 中，摩擦副仿生非光滑表面流场动面沿 x 的负方向运动，使得凹坑流域内部产生了漩涡。这与油膜厚度 $h \neq 0$ 时摩擦副仿生非光滑表面流场凹坑流域内的情况类似，但此时凹坑中流体的流速增大了，凹坑中的漩涡发展得也更充分，可以看出大部分凹坑底部的流体也以比较高的流速参与了漩涡流动，这在阶梯柱坑截面的速度矢量图中显得最为明显。

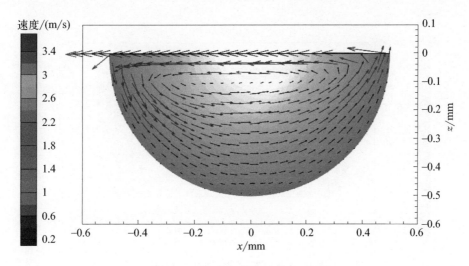

图 6-21　半球坑截面速度矢量图

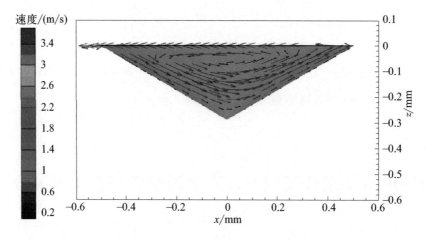

图 6-22　圆锥坑截面速度矢量图

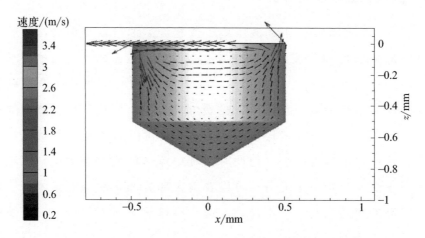

图 6-23　柱锥坑截面速度矢量图

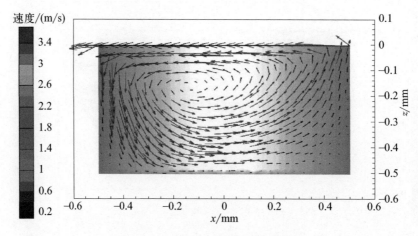

图 6-24　柱形坑截面速度矢量图

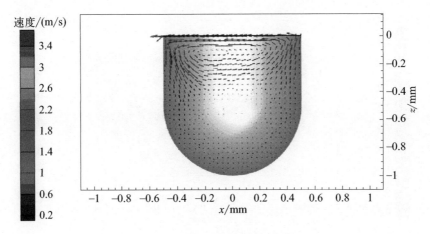

图 6-25　柱球坑截面速度矢量图

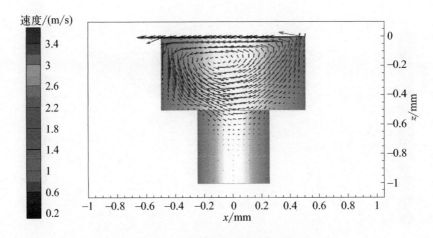

图 6-26　阶梯坑截面速度矢量图

如图 6-27～图 6-32 所示为凹坑流体域内的迹线图，对比油膜不为零的情况可以发现两者情况类似，各凹坑中都形成了完整的漩涡，其中阶梯柱坑中都形成了两个旋转方向相反的漩涡。对比油膜不为零与油膜压溃两种情况下的迹线图可以发现，在油膜被压溃的情况下各凹坑内部所产生的漩涡的中心位置已经不再位于凹坑的左上方，而是在更靠近凹坑中心的位置。这是由于没有了厚度为 h 的环形油膜，位于凹坑左上方的流体不能在压力的作用下流出凹坑区域，而只能向下流入凹坑内部，从而加剧了漩涡的形成，同时迫使相应位置漩涡的中心位置向右移动造成的。

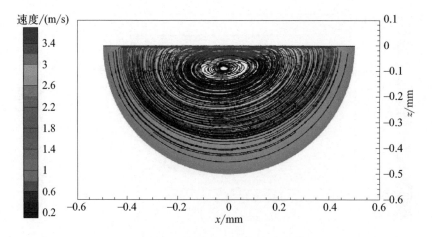

图 6-27　半球坑流体域迹线图

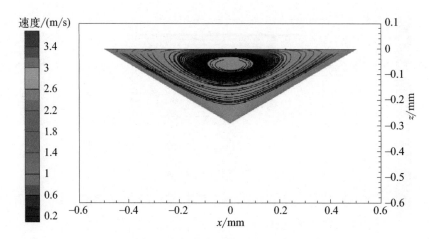

图 6-28　圆锥坑流体域迹线图

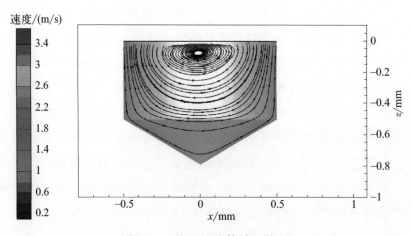

图 6-29　柱锥坑流体域迹线图

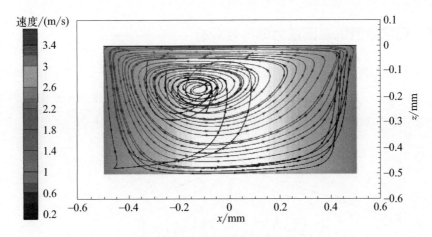

图 6-30　柱形坑流体域迹线图

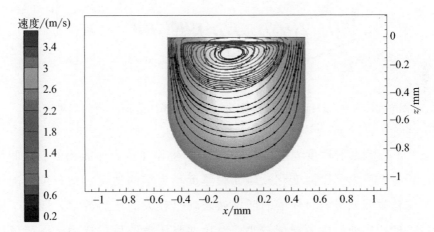

图 6-31　柱球坑流体域迹线图

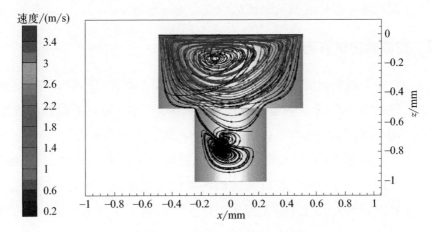

图 6-32　阶梯坑流体域迹线图

6.3.2　配流副凹坑表面压力场特性分析

以凹坑直径 $d=1.0$mm、凹坑分布数量 $N=72$ 个、油膜动面转速 $n=1500$r/min 的模拟结果为例，做出油膜厚度 $h=0$ 时配流副仿生非光滑表面流场的表面压力的三维分布，如图 6-33 所示。

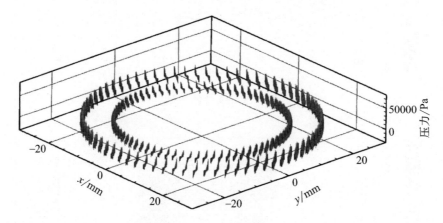

图 6-33　$h=0$ 时配流副仿生非光滑表面流场的表面压力的三维分布

当油膜厚度 $h=0$ 时，配流副仿生非光滑表面流场的表面凹坑位置上产生了压力变化。与油膜厚度不为零的情况类似，位于配流盘仿生非光滑表面外侧的凹坑处表现出较大的压力峰值，而位于内侧的凹坑处的压力峰值较小。对比油膜压溃前后的压力云图，可见所有类型配流副仿生非光滑表面流场凹坑表面产生的压力情况类似，需要进一步提取凹坑表面的承载力进行分析。

6.3.3　配流副凹坑表面承载力分析

为研究凹坑直径对配流副凹坑表面承载力的影响，将凹坑分布数量 $N=72$ 个、油膜动面转速 $n=1500$r/min 时，不同凹坑直径下，配流副仿生非光滑表面的凹坑表面承载力列于表 6-4。

由表 6-4 可以看出，所有配流副仿生非光滑表面的凹坑表面承载力的大小都相近，在研究的凹坑直径变化范围内都随着凹坑直径的增大而增大。与其他类型表面产生的凹坑表面承载力相比，锥坑及半球坑仿生非光滑表面的凹坑表面承载力相对较大。

表 6-4　凹坑直径对承载能力的影响

凹坑直径 /mm	油膜表面承载力 $F_p / \times 10^{-1}$ N					
	半球坑	锥坑	柱形坑	柱锥坑	柱球坑	阶梯坑
0.4	1.8	2.2	1.8	1.7	1.7	1.9
0.6	4.5	4.7	4.7	4.5	4.2	4.4
0.8	8.1	8.7	7.8	7.3	7.5	7.8
1	8.9	9.5	8.1	8.2	7.9	8.1
1.6	10.8	12.3	8.3	8.8	8.3	8.2

6.4

小结

　　本章针对液压变压器配流盘摩擦副结构，建立了配流盘与转子缸体两者之间的仿生非光滑表面凹坑流体域三维几何模型，模型精度为 0.00001mm；对流场进行数值仿真，使用后处理工具对计算收敛后的流场进行信息提取。通过分析仿生非光滑表面凹坑流场截面的速度场以及油膜表面的压力场，探讨仿生非光滑凹坑表面的润滑承载机理。在此基础上，进一步研究探讨了不同形状、分布、油膜厚度对仿生非光滑表面凹坑承载能力的影响。结果表明，与其他类型表面产生的凹坑表面承载力相比，锥坑及半球坑仿生非光滑表面的凹坑表面承载力相对较大。本章的研究结果能够用于指导高性能双转子构型液压变压器的设计。

第

7 章

双转子液压变压器的实验研究

在液压变压器的工作过程中，作用于柱塞上的液压力、支撑力以及惯性力三者处于动态平衡之中。柱塞所受支撑力的径向分力的合力往往很大，且受三窗口配流的影响，还将随控制角等工作参数的改变而变化。若该径向合力作用在转子上，将导致转子的倾覆。因此，合理的支撑结构对双转子液压变压器的稳定运行十分关键。然而，将现有液压变压器的转子结构应用于"双转子"时会出现柱塞受冲击以及中心轴过长的问题。

为了解决这一问题，本章提出一种将壳体直接支撑的非通轴转子应用于双转子液压变压器的方案。转子的中心轴仅起传递扭矩的作用，不承受径向力并且非常短。设计并加工了双转子液压变压器的样机，搭建了实验台，对采用该转子模式的液压变压器的变压比特性、瞬时压力特性、减压过渡特性以及噪声特性进行研究。除此之外，还设计并加工了双转子变量配流机构实验装置并进行了相关实验研究。

7.1
壳体直接支撑模式单侧转子压力特性实验研究

7.1.1　实验装置与实验系统

为验证壳体直接支撑模式液压变压器的有效性，设计并加工了液压变压器实验样机及相关实验装置，能够满足对不同工况下液压变压器压力特性的研究要求。液压变压器实验样机及相关实验装置的结构及照片如图 7-1 所示。该实验样机由两部分组成，分别为变压器主体与变量控制机构。在变压器主体的转轴的伸出端，能够很容易实现对转速的测量，以满足实验测量转速的要求。为了实现对配流盘控制角 δ 的调节，设计了可旋转的斜盘底座。斜盘通过圆柱销固定在斜盘底座上，如图 7-1 所示，通过蜗轮蜗杆减速机来控制斜盘底座的转动，从而实现对配流盘相对斜盘转动的控制，进而完成对控制角 δ 的调节。蜗轮蜗杆减速器的传动比为 60，因此能够在任意转动角度下实现自锁，蜗杆转动一圈，蜗轮转动 6°。

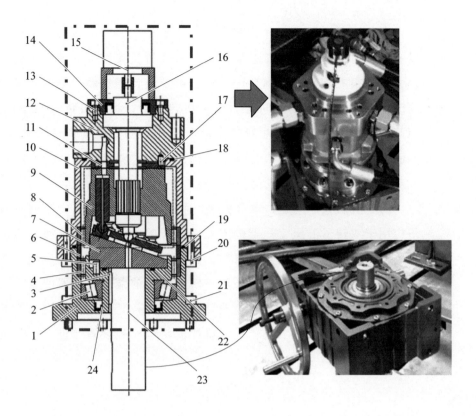

图 7-1　液压变压器实验样机及相关实验装置的结构及照片

1—后盖；2—圆锥滚子轴承；3—斜盘座；4—滚针轴承；5—圆柱销；6—套筒；
7—斜盘；8—滚针轴承；9—缸体组件；10—壳体；11—配流盘；12—配流壳；
13,20,21—圆柱头螺钉；14—前端盖；15—油封；16—副轴组件；
17—圆柱销；18,19,22—O 形圈；23—驱动轴；24—油封

　　液压变压器压力特性实验的实验原理与实验系统照片如图 7-2 所示。实验使用 ISO VG 32 液压油，液压回路采用节流阀加载，通过调节加载阀的阀口开度，以实现对不同控制角下的转子转速的控制。CPR 的压力分别设定为 10MPa 和 1MPa。CPR 高压侧油源采用 TZB63H-F-R 恒压变量柱塞泵，排量为 63mL/r，额定压力为 32MPa，额定转速为 1470r/min。低压侧油源采用 CBF-E71P 齿轮泵，排量为 71mL/r，额定压力为 16MPa，额定转速为 2000r/min。使用精密压力表监测每个端口的压力。转子的转速由光电编码器测量。B 口的流量通过涡轮流量计测量。B 口瞬时压力由 CYG401 压阻式动态压力传感器测量，固有频率为 450kHz，精度为 0.2%FSO。传感器安装

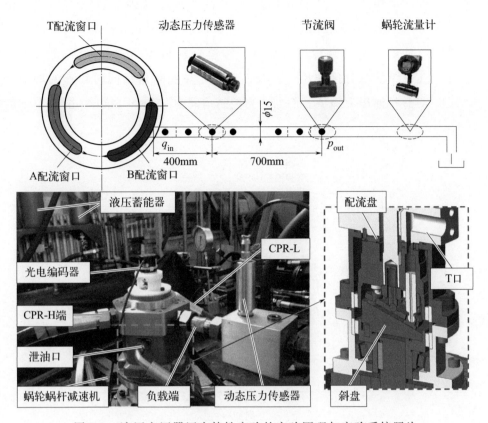

图 7-2　液压变压器压力特性实验的实验原理与实验系统照片

位置以及端管路尺寸如图 7-2 所示。压力信号的时间记录通过 PC 和 PCI-1716L 数据采集板进行采样，其最大采样频率为 250kHz。

7.1.2　实验结果与讨论

瞬时压力的仿真与实验结果对比如图 7-3 所示。如图 7-3(a) 所示为在转速 500r/min 工况下，控制角分别为 60°与 75°时的瞬时排油压力。可以看出，控制角为 75°时的瞬时压力高于控制角为 60°时的瞬时压力，且在这两种工况下，瞬时压力均出现剧烈的波动，压力波动的幅值由 60°时的 2.2MPa 增大至 75°的 2.8MPa。仿真结果与实验结果具有较好的一致性。除此之外，还可以看出瞬时压力中存在高频波动。这一现象可能是由于流体的流动在节流阀这一管道线末端反射产生驻波的结果，这使得测量结果对管路特性敏感。在试验中，随着控制角的增大，加载节流阀的节流口面积必须变小以保持恒定的角速度。因此，压力波很容易在加载阀处被反射回来。由图 7-3（a）可以看出，仿真模型能够很好地复现这一现象。如图 7-3（b）所示为，当转速增加后，转速分别为 1000r/min 与 1500r/min 工况下的瞬时排油压力。可以看出，在控制角相同时转速的增加将导致排油压力降低。例如，当控制角同为 75°时，500r/min 工况下的

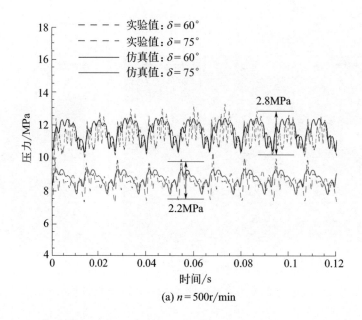

(a) $n=500\text{r/min}$

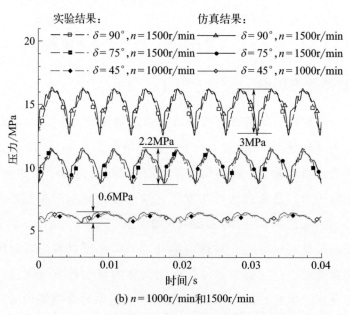

(b) $n=1000\text{r/min}$和1500r/min

图 7-3　瞬时压力的仿真与实验结果对比

平均排油压力为 11MPa，而在 1500r/min 工况下，排油压力则下降了 1MPa，仅为 10MPa 左右。除此之外还可以看出，随着控制角的增大，排油压力将逐渐升高。例如在 1500r/min 工况下，控制角为 90°时的平均排油压力由 75°时的 10MPa 增加到了 14MPa 左右，而 1000r/min 时工况下，控制角为 45°时的排油压力仅为 6MPa。对比图 7-3(a) 可以看出压力波动率与转速以及控制角之间存在非线性关系。例如，当转速为 $n=500$r/min、$\delta=75°$时，压力波动率达到了 24%左右，而在 $n=1500$r/min、$\delta=75°$时，压力波动率同样为 24%。在 $n=500$r/min 时，$\delta=75°$与 $\delta=60°$工况下的压力波动率十分接近，而在 $n=1000$r/min、$\delta=45°$工况下，压力波动率却大大降低。

　　如图 7-4 所示为控制角和转速对压力特性的影响。由图 7-4(a) 可以看出，排油压力与控制角 δ 之间呈非线性关系。随着控制角的增大，排油压力逐渐增大，同时压力的变化斜率也随之增加。可以看出，在较大的控制角下，实验结果与数值结果吻合良好，由第 4 章可知，此时的柱塞驱动扭矩较大。除了控制角外，排油压力也将受转速变化的影响。由图 7-4(b) 可以看出，排油压力随着转速的升高呈线性下降趋势，这一趋势在转速较高时尤为明显。在较高转速下数值与实验结果吻合较好，而在低转速下，仿真结果与实验结果出现一定的偏差，排油压力将保持 8.6MPa 直至转速高于 500r/min。

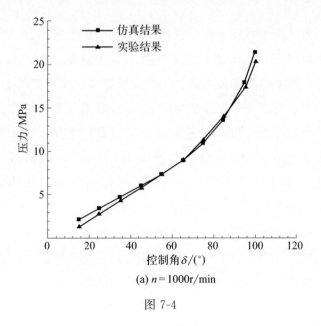

(a) $n=1000$r/min

图 7-4

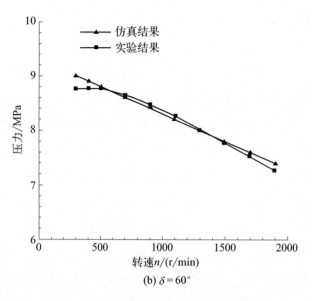

(b) $\delta = 60°$

图 7-4　控制角和转速对压力特性的影响

经分析，这可能是在低转速下，瞬时压力波动与角速度波动共同作用导致摩擦副工作状态改变的结果。

7.2
双转子液压变压器实验台与实验样机

为了满足双转子液压变压器实验过程中对压力、流量以及数据采集等的需要，设计并搭建了液压变压器实验台。实验台由液压系统与软件系统两部分组成。实验台液压系统原理如图 7-5 所示。

实验使用 ISO VG 32 液压油，CPR 高压侧的压力为 10MPa，油源采用型号为 TZB63H-F-R 的恒压变量柱塞泵，其排量为 63mL/r，额定压力为 32MPa，额定转速为 1470r/min；CPR 低压侧的压力为 1MPa，油源采用型号为 CBF-E71P 的齿轮泵，其排量为 71mL/r，额定压力为 16MPa，额定转速为 2000r/min。液压变压器通过并联的节流阀与溢流阀加载，其中溢流阀常闭做安全阀使用。使用高精度压力表与压力传感器分别检测 CPR 及负载端的压力，如图 7-6 所示，压力传感器型号为 CYB-20S，量程分别为 0～10MPa 与 0～25MPa，精度为 ±0.1%FS 与 ±0.25%FS。使用涡轮流量计监测负载端的流

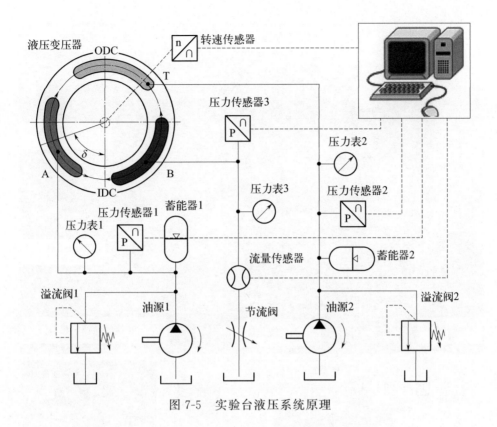

图 7-5　实验台液压系统原理

量，型号为 LWGY15A，量程 $0\sim100$L/min，耐压 35MPa，精度为 $\pm1\%$FS。采用研华 PCI-1716L 高分辨率多功能数据采集卡采集液压变压器的压力、流量与转速等数据。数据采集卡的性能参数如表 7-1 所示。

表 7-1　数据采集卡的性能参数

项目	性能
分辨率	16 位
采样率	250KS/s
模拟量输入通道	16 路单端/8 路差分
FIFO	1K
输出电压	$0\sim0.125$V,$0\sim0.25$V,$0\sim5$V,$0\sim10$V

　　设计并加工了双转子液压变压器的样机。双转子实验样机结构及实验系统总体布局照片如图 7-6 所示。

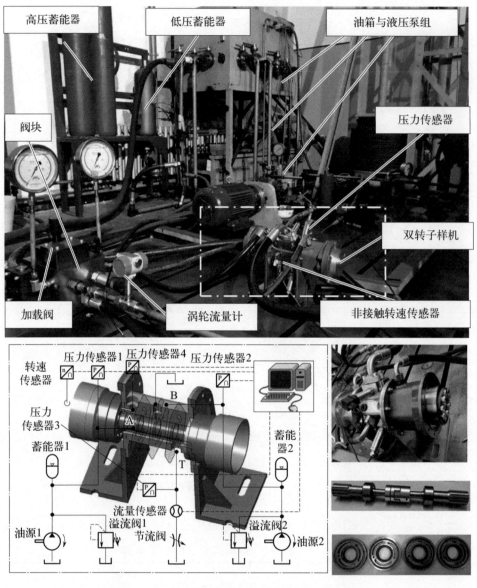

图 7-6　双转子实验样机与实验系统总体布局

　　该样机的两个转子分别位于中间配流体两侧,并通过中心轴连接实现同步转动。为便于安装传感器以实现测量内部瞬时压力,采用了一体式的中间配流机构。加工一个销钉孔以实现两侧斜盘转角的同步改变。配流盘结构如图 7-7 所示,配流盘材料为 38CrMoAl,做气体渗氮处理,并通过数控机床进行精密加工。主要结构尺寸参数如表 7-2 所示。

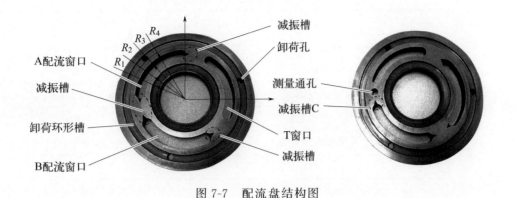

图 7-7 配流盘结构图

表 7-2 主要结构尺寸参数

参数	数值	单位
z	18	个
d_p	17	mm
R_1	23	mm
R_3	33.25	mm
R_4	37	mm
L	3	mm
H	2	mm
R_2	26.75	mm

在实验过程中，采用非接触式转速传感器测量转子的转速，控制角 δ 能够以 15°为步长从 15°逐渐增加到 90°。为了获得柱塞经过 A-T 过渡区时的瞬时过渡压力，在配流盘的 A-T 过渡区加工一个直径 4mm 的测量通孔，并将高频动态压力传感器直接安装在测量孔后。高频动态压力传感器型的号为 CYG401，量程为 0～20MPa，输出 0～5V 电压，其性能参数如表 7-3 所示。传感器采用差分连接以避免温度变化的干扰以及改善非线性，从而提高测量的准确性。液压变压器数据采集系统程序界面如图 7-8 所示，通过缓冲的方式实现高速数据采集，以解决采集到数据后无法及时传输到计算机中的问题。首先将从 DAQ 板获取的数据存储在内部缓冲区中，在该缓冲区中，测量数据是一个由时间序列组成的数组。随后，从缓冲区检索数组数据，进而完成一个周期的高速数据采集任务。

表 7-3　动态压力传感器性能参数

项目	性能
固有频率	450kHz
上升时间	$0.3\mu s$
零点时漂	0.1mV/8h
零位温度系数	$2\times10^{-4}FS/℃$
灵敏度温度系数	$2\times10^{-4}FS/℃$
非线性	0.2%FS
不重复性/迟滞	0.1%FS

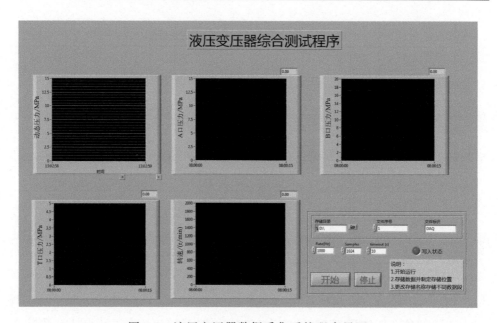

图 7-8　液压变压器数据采集系统程序界面

7.3

双转子构型液压变压器实验研究与分析

　　本节对双转子液压变压器的特性展开实验研究，包括液压变压器的变压比特性、瞬时压力特性、过渡压力特性以及噪声特性。在实验研究的过程中会对"单转子"与"双转子"情况下的特性进行对比与分析。

7.3.1　瞬时压力特性

在 $\delta=60°$、$n=1000\mathrm{r/min}$ 工况下，"单转子"与"双转子"的瞬时排油压力如图 7-9 所示。

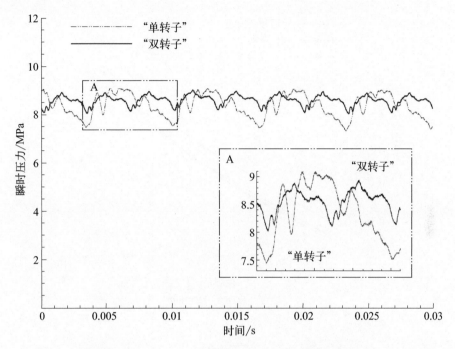

图 7-9　$\delta=0°$、$n=1000\mathrm{r/min}$ 工况下的瞬时排油压力

可以看出，随着转子的转动，瞬时压力呈周期性波动。"单转子"的瞬时压力最大值达到了 9.1MPa，而最小值仅为 7.4MPa，压力变化幅值达到了 1.7MPa 左右。相比之下，"双转子"的瞬时压力幅值小很多，仅为 1MPa 左右。瞬时压力的剧烈波动是液压变压器噪声声级高的重要原因。柱塞数量的增加降低了液压变压器的压力波动，从而能够通过抑制噪声源，在一定程度上缓解噪声问题。

7.3.2　变压比特性

如图 7-10 所示为"双转子"与"单转子"的变压比特性实验结果。

如图 7-10(a) 所示为在转速为 1000r/min 工况下"双转子""单转子"以及理想情况下的变压比曲线。可以看出，变压比随控制角的增加而增大，且增大的速度有加快的趋势。"双转子"能够实现相对更高的变压比，而相比于理想变压比曲线，"双转子"与"单转子"的变压比实验结果均有明显下降，这是由液压变压器工作过程中产生的摩擦阻力矩造成的。转速对变压比的影响如图 7-10（b）所示，可以看出随

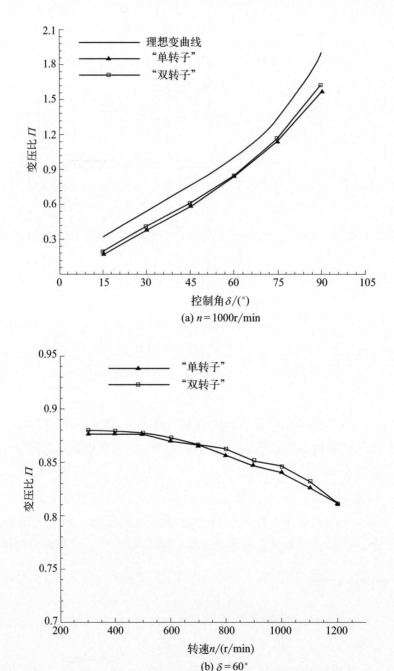

图 7-10　转速 n 及控制角 δ 对变压比的影响

着转速的增加变压比将随之降低，当转速低于 500r/min 时，两者的变压比曲线都趋于平缓，而随着转速的增大，变压比的下降速度将随之逐渐加快。

7.3.3 减压过渡压力特性

为研究不同减振槽尺寸对液压变压器减压过渡过程的影响，加工了四种具有不同尺寸减振槽 C 的配流盘，如图 7-11 所示，H 的值分别为 2mm、3mm、4mm 与 5mm，其余参数均相同。

图 7-11 具有不同尺寸减振槽 C 的配流盘

如图 7-12 所示为 $\delta = 30°$、$n = 800r/min$ 时经过 A-T 过渡区柱塞的瞬时减压过渡压力的仿真与实验结果。仿真结果通过在并行计算中对监测点相同位置处的流体域压力场的全局归约操作（global reduction operations）获得。

如图 7-12(a) 所示为转速为 800r/min、$H = 3mm$ 时的减压过渡压力的仿真与实验结果。可以看出，在 800r/min 转速下，$H = 3mm$ 时随着转子的旋转，柱塞腔内的压力迅速降低，瞬时过渡压力在 1.1ms 时降低至 0.4MPa 左右，随后，压力迅速回升并完成减压过渡过程。如图 7-12(b) 所示为 H 增大至 4mm 后的瞬时减压过渡压力，可以看出相比于 3mm 时，最小值出现的时间相比于 $H = 3mm$ 时有所延迟。这一现象可以解释为 H 增大后进入过渡区内柱塞腔的高压油液增多引起的压力变化滞后。如图 7-13 所示为不同控制角下的 p_{min} 的仿真与实验结果。可以看出，仿真与实验结果具有基本一致的变化趋势，在 $\delta = 30°$ 附近 p_{min} 达到最小值，且随着控制角 δ 的增大，p_{min} 逐渐增加。

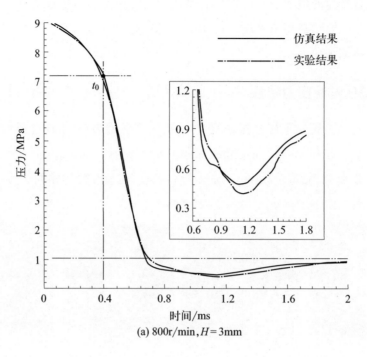

(a) 800r/min，$H=3$mm

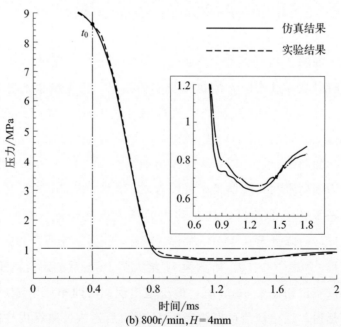

(b) 800r/min，$H=4$mm

图 7-12 $n=800$r/min、$\delta=30°$时经过 A-T 过渡区柱塞的容腔瞬时压力特性

如图 7-14 所示为 $\delta=30°$时转速分别为 400r/min、800r/min 以及 1200r/min 时的 p_{min} 仿真与实验结果。

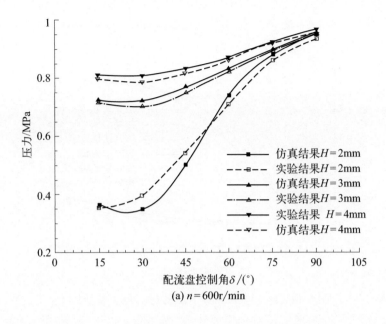

(a) $n=600\text{r/min}$

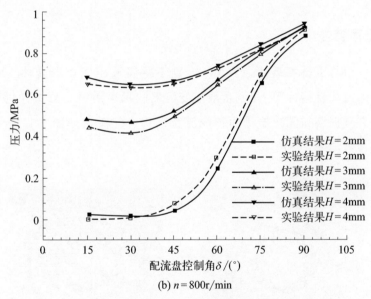

(b) $n=800\text{r/min}$

图 7-13　δ 改变后的 $p_{\min}$ 的仿真与实验结果

　　可以看出，当转速较低时 $p_{\min}$ 总能保持较高值，从而能够避免出现柱塞腔中由于压力过低而产生的吸空问题。而随着转速的增高，$p_{\min}$ 值迅速降低。这是由于转速增大后柱塞容腔的体积膨胀率增加造成的。实验与仿真结果具有一致的变化趋势，从而证明了数值模型的准确性。

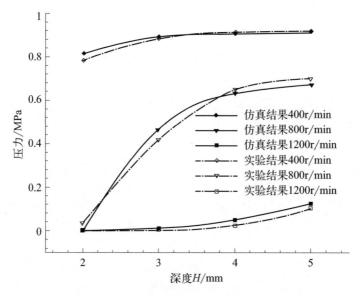

图 7-14　$\delta = 30°$ 工况下 $p_{\min}$ 的仿真与实验结果

7.3.4　噪声特性

　　将手持声级计 AWA6228 置于距离液压变压器壳体 100mm 处，通过测量指标 W-A 测量液压变压器的噪声声级。测试样机分别使用有减振槽与无减振槽两种配流盘结构，配流盘如图 7-15 所示，结构参数如表 7-2 所示。

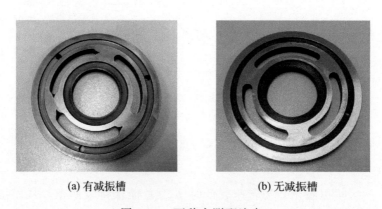

(a) 有减振槽　　　　　　　　　(b) 无减振槽

图 7-15　两种实测配流盘

　　如图 7-16 所示为无减振槽与有减振两种情况下转速为 1000r/min 时的实测噪声特性。可以看出，随 δ 的增大，液压变压器的噪声等级均呈先下降后上升的变化趋势。在控制角的整个变化过程中，采用带减振槽结构的配流盘所产生的平均噪声幅值降低约为 7dB，即降低了 13.5％左右。

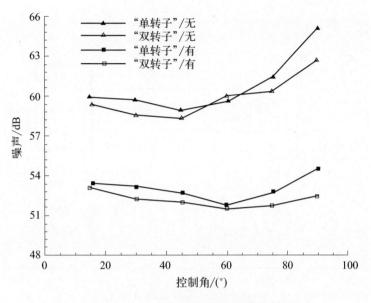

图 7-16　不同控制角下的噪声特性

除此之外还可以看出，转子数量增多后，噪声声级将出现一定的降低。这一现象可以解释为：柱塞数增多后，有利于抑制瞬时压力的波动，因此由于压力剧烈波动造成的流体噪声与机械噪声将被减弱。采用带减振槽的配流盘后噪声声级下降更加明显，这是由于减振槽能够使经过配流盘上各压力过渡区的柱塞腔瞬时压力变化更加平缓，从而避免了柱塞腔中压力的剧烈波动，不仅降低了流体噪声，而且够缓解由柱塞腔中压力冲击引起的壳体振动。这也证明了通过减振槽能够有效缓解液压变压器的噪声问题。

7.4
双转子变量配流机构实验研究

双转子变量配流机构采用环形槽将旋转配流盘中的高压油液与壳体上的油口分别接通，因此环形油槽的密封特性十分关键。为验证配流机构原理上的正确性，同时研究摆动主轴部分的泄漏以及扭矩特性，设计并加工了双转子配流机构的样机及相关实验装置，搭建了实验台，进行了原理性实验。实验系统原理如图 7-17 所示。双转子变量配流机构实验装置如图 7-18 所示。

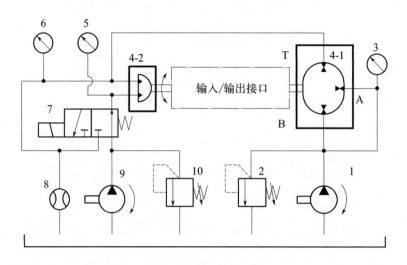

图 7-17　实验系统原理

1,9—液压泵；2,10—溢流阀，3,5,6—压力表；4-1,4-2—被测样机；7—换向阀；8—量杯

为满足实验的需求，在样机两侧设计了圆压盘代替配流盘，并通过高强度螺栓压紧配流主轴两端面，如图 7-18（b）所示，从而将配流主轴两端分别密封。除此之外，一侧圆压盘的外端设计有六角接头，可与测力矩扳手连接；另一侧圆压板的外端通过弹性联轴器连接光电编码器。

实验使用 ISO VG 32 液压油，在实验过程中 A 与 B 配流窗口被连接在一起，通过溢流阀控制配流窗口环形槽的压力，如图 7-18 所示。配流机构的进油腔压力由溢流阀控制。换向阀用来卸荷配流机构的摆动主轴。摆动主轴可通过圆压盘上的六角接口驱动，其摆动频率及位置角通过光电编码器测得。总泄漏量通过量杯测得。进油腔压力通过压力表检测。A/B 配流窗口压力通过压力传感器获得，压力传感器的型号为 CYB-20S，量程为 $0\sim20MPa$，精度为 $\pm0.25\%$ FSO。配流机构在不同控制压力 p_c 下的输出扭矩 M 可通过测力矩扳手测得，测量范围为 $3\sim60N\cdot m$，测量精度为 $\pm3\%$。

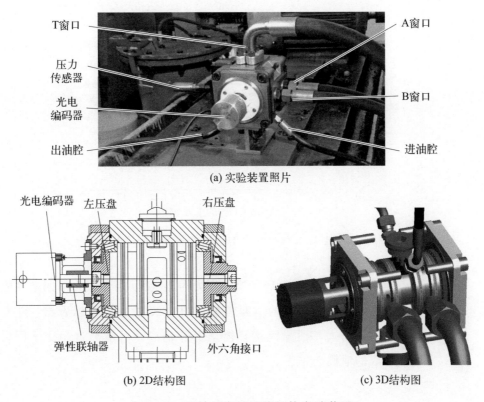

T窗口

压力
传感器

光电
编码器

出油腔

A窗口

B窗口

进油腔

(a) 实验装置照片

光电编码器　左压盘　　　右压盘

弹性联轴器　　　外六角接口

(b) 2D结构图

(c) 3D结构图

图 7-18　双转子变量配流机构实验装置

　　实验首先将换向阀置于左位，使配流机构摆动主轴的进/回油腔泄压，调节溢流阀使 A 和 B 配流窗口环形槽压力逐渐升高至 10MPa，同时以不同频率转动配流主轴。此时，通过量杯能够测得 A 与 B 配流窗口加压时的泄漏量。通过长时间的多次测量，泄漏量始终为 0，这说明双转子配流机构通过该环形油槽结构能够在配流盘旋转的情况下将配流盘内的高压油液与壳体上固定的油口接通，证明了双转子配流机构原理上的正确性。同时也排除了 A 和 B 配流窗口内油液通过环形槽向配流机构摆动主轴泄漏的可能。

　　将换向阀置于右位，可测得 A 和 B 配流窗口环形槽内压力大小对摆动主轴处总泄漏流量的影响。如图 7-19 所示为不同进油腔压力下摆动主轴处泄漏流量的实验结果。可以看出，摆动主轴处的泄漏流量主要取决于压差等级，总泄漏流量随配流机构进油腔压力的升高而明显增大，由 1MPa 时的 0.1L/min 增大至 4MPa 时的 0.31L/min，而随 A 与 B 配流窗口环形槽压力的升高变化不明显。

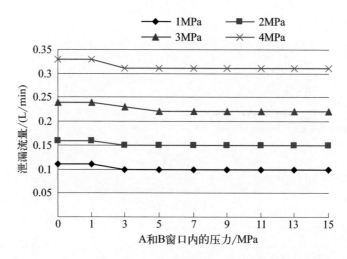

图 7-19　A 和 B 配流窗口环形槽内压力对总泄漏流量的影响

　　在 A 和 B 配流窗口环形槽内压力为 10MPa 条件下，不同进油腔压力与不同摆动频率下的泄漏流量如图 7-20 所示。可以看出，随着摆动频率的增大，泄漏流量总体呈上升趋势，但增加量相比于压力增加造成的泄漏小很多。

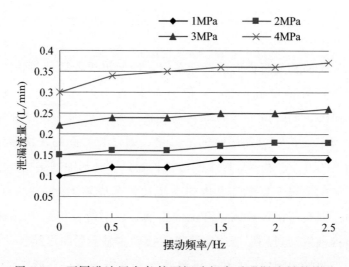

图 7-20　不同进油压力条件下摆动频率对泄漏流量的影响

　　如图 7-21 所示为 A 和 B 配流窗口环形槽内压力为 10MPa、摆动频率为 0.2Hz 条件下，摆动主轴的输出扭矩 M 以及由密封产生的摩擦阻力矩 T_m。摩擦阻力矩 T_m 可通过摆动主轴的理论输出扭矩以及正向旋转时的扭矩 M_+ 与反向旋转时的扭矩 M_- 和的平均值计算，可

表示为

$$T_{\mathrm{m}}=\frac{(R_{\mathrm{bd}}^2-r_{\mathrm{bd}}^2)B_{\mathrm{bd}}p_{\mathrm{c}}}{2}-\frac{M_++M_-}{2} \tag{7-1}$$

式中　R_{bd}——摆动主轴叶片顶部圆弧半径；

　　　r_{bd}——摆动主轴半径；

　　　B_{bd}——叶片宽度；

　　　p_{c}——控制压力；

　　　M_+——正向旋转时的扭矩；

　　　M_-——反向旋转时的扭矩。

可以看出，随着进油腔压力的增加，输出扭矩随之增大，由 1MPa 时的不到 8N·m 迅速增加至 5MPa 时的 42N·m 以上。进油腔压力对摩擦阻力矩同样具有一定的影响，随压力的升高，摩擦阻力矩缓慢增加。但相比于输出扭矩，摩擦阻力矩相对较小。

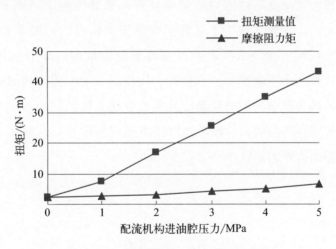

图 7-21　不同控制压力下的扭矩特性

7.5
小结

本章设计并加工了双转子液压变压器相关实验装置，搭建了实验台，对液压变压器的变压比特性、瞬时压力特性、减压过渡特性、噪声特性以及双转子变量配流机构的特性进行了研究。同时，还对"双转子"与"单转子"的工作特性进行了对比研究。通过实验研究可以得出以下结论。

相比于"单转子"，由于柱塞数的增多，"双转子"的瞬时压力波动幅度比"单转子"大大降低，压力波动平频率也相应增大。"双转子"与"单转子"的变压比曲线基本相同，而变压比的实验结果相比于理想变压比曲线出现了整体滞后现象，这是由于液压变压器中存在摩擦阻力矩造成的，与第 4 章中理论分析结果一致。对采用不同减振槽尺寸的配流盘的测试结果表明，在 $\delta = 30°$ 时，减压过渡过程中液压变压器的吸油口最容易产生吸空，通过减振槽能够有效提升瞬时最低压力。仿真结果与实验结果基本一致，验证了本书中所建立的瞬态 CFD 模型的有效性。噪声实验结果表明，相比于没有减振槽的配流盘，采用带减振槽结构的配流盘后液压变压器的噪声声级大大降低，柱塞的增多同样有助于液压变压器噪声的降低。除此之外，设计并加工了双转子变量配流机构的相关实验装置，进行了原理性实验。结果表明，双转子配流机构的环形密封是可靠的，工作过程中不会产生容积损失，从而证明了配流机构原理的正确性。配流机构摆动主轴的泄漏流量主要取决于进油腔的压力等级。同时，随控制压力的增大，输出扭矩基本呈线性增加，且相比于输出扭矩，摩擦阻力矩的值较小。

参 考 文 献

[1] 路甬祥 . 流体传动与控制技术的历史进展与展望 [J]. 机械工程学报，2001，
　　 37 (10)：1-9.

[2] Batista T，Freireb F，Silva C M. Vehicle enviro·ental rating methodologies：
　　 Overview and application to light-duty vehicles [J]. Renewable and Sustainable
　　 Energy Reviews，2015 (45)：192-206.

[3] 贺元成，郑庭，盂志明 . 一种大型液压挖掘机回转系统节能技术的研究 [J].
　　 机床与液压，2016，44 (8)：103-108.

[4] Shen W，Huang H，Pang Y. Review of the Energy Saving Hydraulic System
　　 Based on Common Pressure Rail [J]. IEEE Access，2017 (5)：655-669.

[5] Yang Y，Schofield N，Emadi A. Integrated electromechanical double-rotor
　　 compound hybrid transmissions for hybrid electric vehicles [J]. IEEE
　　 Transactions on Vehicular Technology，2016，65 (6)：4687-4699.

[6] Kim W，Ji Y，Lee S，et al. Optimal control strategy of plug-in hybrid electric
　　 vehicles [C]//14th International Conference on Modeling and Applied Simula-
　　 tion，Bergeggi，Italy，2015：1-10.

[7] Ramdan Muhammad I，Stelson Kim A. Optimal design of a power-split hybrid
　　 hydraulic bus [J]. Proceedings of the Institution of Mechanical Engineers，Part
　　 D：Journal of Automobile Engineering，2016，230 (12)：1699-1718.

[8] Chomachar S A，Fard A M. Flight control system for guided rolling-airframe
　　 missile [C]//2016 IEEE Aerospace Conference，Big Sky，MT，United states，
　　 2016：1-9.

[9] Zheng X. Modeling and simulation of UAV electric servo system [C]//2014
　　 International Conference on Energy Research and Power Engineering，Dalian，
　　 China，2014：1090-1093.

[10] 沈伟 . 基于 CPR 的混合动力挖掘机液压节能系统及其控制研究 [D]. 哈尔
　　 滨：哈尔滨工业大学，2014.

[11] 姜继海 . 二次调节静液传动系统及其控制技术的研究 [D]. 哈尔滨：哈尔滨
　　 工业大学，1998.

[12] Shen W，Jiang J，Su X，et al. Energy-saving analysis of hydraulic hybrid

excavator based on common pressure rail［J］，Sci. World J，2013（7）：1-10.

[13]　姜继海，卢红影，周瑞艳，等 . 液压恒压网络系统中液压变压器的发展历程［J］. 东南大学学报，2006（9）：869-874.

[14]　刘巧燕 . 双定子力偶型液压马达关键技术研究［D］. 秦皇岛：燕山大学，2019.

[15]　闻德生，隋广东，田山恒，等 . 双定子泵/马达在传统速度回路中的应用分析［J］. 液压气动与密封，2019（9）：36-39.

[16]　陈延礼，刘顺安，尚涛，等 . 液驱混合动力车辆制动能回收效果［J］. 吉林大学学报（工学版），2011，41（1）：110-116.

[17]　李世玉 . 单缸液压自由活塞发动机控制策略及工作稳定性研究［D］. 长春：吉林大学，2015.

[18]　于安才 . 静液传动混合动力挖掘机回转和行走机构节能技术研究［D］. 哈尔滨：哈尔滨工业大学，2012.

[19]　刘顺安，姚永明，尚涛，等 . 基于二次调节技术的小型装载机全液压驱动系统［J］. 吉林大学学报（工学版），2011，41（3）：665-669.

[20]　姚永明，刘顺安，尚涛，等 . 基于恒压液压系统的 ZL50 装载机节能技术［J］. 吉林大学学报（工学版），2011，41（1）：117-121.

[21]　姜继海，杨冠中 . 液压系统中液压变压器的发展及研究现状［J］. 长安大学学报，2016，36（6）：118-126.

[22]　欧阳小平，杨华勇，徐兵，等 . 新型配流副液压变压器研究［J］. 中国科学（E 辑：技术科学），2008，38（1）：95-102.

[23]　欧阳小平 . 液压变压器研究［D］. 杭州：浙江大学，2005.

[24]　Elton B. Digital Hydraulic Transformer-Efficiency of Natural Design［C］//7th International Fluid Power Conference. Aachen，Linköping，Sweden，2010：349-361.

[25]　Merrill K，Holland M，Batdorff M，et al. Comparative Study of Digital Hydraulics and Digital Electronics［J］. International Journal of Fluid Power，2010，11（3）：45-51.

[26]　Tyler H P. Fluid Intersifier［P］. US Patent 3188963，1965.10.

[27]　Herbert H K. Hydraulic transformer［P］. US3627451，1971.12.

[28]　Vael G E M，Achten P A J，Zhao F. The Innas Hydraulic Transformer：The Key to the Hydrostatic Common Pressure Rail［J］. SAE International，2000

(9)：1-16.

[29] Kordak R. Praktische Auslegung Sekundärgeregelter Antriebssysteme [J]. Ölhydraulik und Pneumatik. 1982，26 (11)：795-800.

[30] Dipl. -lng. K. Dluzik，Aachen. Dr. -lng. M. C. Shih，Taiwan. Geschwindigkeitssteuerrung eines Zylinders am Konstant Drucknetz durch einen Hydro Transformator [J]. Ölhydraulik und Pneumatik，1985 (4)：281-286.

[31] Kordak R. Verlustarme Zylindersteuerung mit Sekundärregelung [J]. Ölhydraulik und Pneumatik，1996 (10)：696-703.

[32] Dantlgraber，Jörg，Robohm，et al. Hydraulischer Transformator mit zwei Axialkolbenmaschinen mit einer gemeinsamen Schwenkscheibe [P]. EP0851121A，1997. 12.

[33] Shen W，Hamid R K，Ruihan Z. Comparative analysis of component design problems for integrated hydraulic transformers [J]. The International Journal of Advanced Manufacturing Technology，2019，103 (1-4)：389-407.

[34] 董宏林，姜继海，吴盛林. 液压变压器的原理及其在二次调节系统中的应用 [J]. 液压与气动，2001 (11)：30-32.

[35] 董宏林，姜继海，吴盛林. 液压变压器与液压蓄能器串联使用的优化条件及能量回收研究 [J]. 中国机械工程，2003，14 (3)：192-195.

[36] Sangyoon L，Perry Y L. Trajectory tracking control using a hydraulic transformer [C]//2014 International Symposium on Flexible Automation Hyogo，Japan，2014：1-8.

[37] Sangyoon L，Perry Y L. Passivity Based Backstepping Control for Trajectory Tracking Using a Hydraulic Transformerl [C]//2015 Symposium on Fluid Power and Motion Control，Chicago，United states，2015：1-10.

[38] Ho T H，Ahn K K. A Study on the Position Control of Hydraulic Cylinder Driven by Hydraulic Transformer Using Disturbance Observer [C]//2008 International Conference on Control，Automation and Systems，Seoul，Korea，2008：2634-2639.

[39] Ho T H，Ahn K K. Saving Energy Control of Cylinder Drive Using Hydraulic Transformer Combined With An Asseisted Hydraulic Circuit [C]//ICROS-SICE International Joint Conference 2009，Fukuoka. Japan，2009：2115-2120.

[40] Achten P A J. Pressure transformer [P]. WO97/31185，1997. 8.

[41] Achten P A J, Jan O P. What a difference a hole makes-the commercial value of the innas hydraulic transformer [C]//The Sixth Scandinvian International Conference on Fuid Power, Tampere, Finland, 1999: 873-886.

[42] Achten P A J, VAN D O P J, Potma J, et al. Horsepower with brains: The design of the CHIRON free piston engine [J]. SAE International, 2000（9）: 1-17.

[43] Vael G E M, Achten P A J. The innas fork lift truck working under constant pressure [C]//The Ist International Fluid Power Conference, Aachen, Germany, 1998.

[44] Werndin R, Achten P A J, Sannelius M, et al. Efficiency performance and control aspects of a hydraulic transformer [C]//The sixth Scandinavian international conference on fluid power, Tampere, Finland, 1999: 395-407.

[45] Achten P A J, Zhao F. Valving land phenomena of the innas hydraulic transformer [J]. International Journal of Fuid Power, 2000, 1（1）: 33-42.

[46] Achten P A J, Vael G E M, Jeroen P, et al. 'Shuttle' Technology for Noise Reduction and Efficiency Improvement of Hydrostatic Machines [C]//The Seventh Scandinavian International Conference on Fluid Power, Linköping, Sweden, 2001: 73-83.

[47] Schäffer R. Hydrotransformator [P]. Deutsehes Patent 10025248A1, 2001. 03.

[48] Schäffer R. Hydrotransformator [P]. European Patent 1172553A3, 2001. 03.

[49] Schäffer R. Hydrotransformator [P]. European Patent 1172553A2, 2001. 03.

[50] Werndin R, Palmberg J O. Controller design for a hydraulic transformer [C]// The Sth International Conference on Fluid Power Transmission and Control, Hangzhou, China, 2001.

[51] 张斌, 徐兵, 欧阳小平, 等. 液压变压器恒压网络实验台的设计 [J]. 液压与气动, 2004（10）: 8-12.

[52] 徐兵, 马吉恩, 杨华勇. 液压变压器瞬时流量特性分析 [J]. 机械工程学报, 2007, 43（11）: 44-49.

[53] 卢红影. 电控斜轴柱塞式液压变压器的理论分析与实验研究 [D]. 哈尔滨: 哈尔滨工业大学, 2008.

[54] 卢红影, 姜继海. 液压变压器四象限工作特性 [J]. 哈尔滨工业大学学报, 2009, 41（1）: 62-75.

[55] 刘顺安，陈延礼．内开路式液压变压器及变压方法［P］．CN101614226A，2009．12．

[56] 姚永明，刘顺安，尚涛，等．基于恒压液压系统的 ZL50 装载机节能技术［J］．吉林大学学报（工学版），2011，41（1）：117-121．

[57] 刘顺安，姚永明，尚涛，等．叉车负载势能回收的研究［J］．四川大学学报（工程科学版），2011，43（3）：214-218．

[58] 李世玉．单缸液压自由活塞发动机控制策略及工作稳定性研究［D］．长春：吉林大学，2015．

[59] 刘成强．电液伺服斜盘柱塞是液压变压器的研究［D］．哈尔滨：哈尔滨工业大学，2013．

[60] 刘成强，姜继海，高丽新，等．电液伺服斜盘柱塞式液压变压器配流盘缓冲槽［J］．哈尔滨工业大学学报，2013，45（7）：53-56．

[61] 刘贻欧，黄亚农．一种摆动油缸控制的斜盘柱塞式液压变压器［P］．CN102788010A，2012．11．

[62] 刘贻欧，于俊，黄亚农等．负载敏感液压变压器响应特性［J］．舰船科学技术，2013，35（8）：81-85．

[63] 臧发业．非恒压网络二次调节系统新型能量转换储存关键技术的研究［D］．济南：山东大学，2016．

[64] 仉志强，李永堂，刘志奇，等．采用组合式配流盘的液压变压器及其液压回路［P］．CN105650042A，2016．06．

[65] Liu C，Liu Y，Liu J，et al．Electro-hydraulic servo plate inclined plunger hydraulic transformer［J］．IEEE Access，2017（4）：8608-8616．

[66] Achten P A J，Brink T V D，Timo P，et al．Design and testingof an axial piston pump based on the floating cup principle［C］//The Eighth Scandinvian International Conference on Fuid Power，Tamperc，Finland，2003：805-820．

[67] Achten P A J，Brink T V D，Marc S．Design of A Variable Displacement Floating Cup Pump［C］//The Ninth Scandinvian International Conference on Fuid Power，Linköping，Sweden，2005．

[68] Vael G E M，Achten P A J，Brink T V D．Efficiency of A Bariable Displacement Open Circuit Floating Cup Pump［C］//The Eleventh Scandinvian International Conference on Fuid Power，Linköping，Sweden，2009．

[69] Achten P A J，Brink T V D，Oever J V D，et al．Dedicated design of the

hydraulic transformer [C]//The 3rd International Fluid Power Conference, Aachen, Germany, 2002：233-248.

[70] Achten P A J, Vael G E M, Brink T V D, et al. Efficiency measurements of the hydrid motor/pump [C]//The Twelfth Scandinvian International Conference on Fuid Power, Tampere, Finland, 2011：41-49.

[71] Achten P A J. Axial bearing for use in a hydraulic device, a hydraulic transformer and a vehicle with a hydraulic drive system [P]. US8678654，2014.03.

[72] Achten P A J, Potma J, Brink T V D, et al. A four-quadrant hydraulic transformer for hybrid vehicles [C]//The Eleventh Scandinavian International Conference on Fluid Power, Linköping, Sweden, 2009：324-339.

[73] 荆崇波，苑士华，胡纪滨，等. 一种旋转斜盘可调液压变压器 [P]. CN101749292A，2009.12.

[74] 李雪原，苑士华，胡纪滨，等. 斜轴式液压变压器变压比的影响因素分析 [J]. 兵工学报，2012（7）：793-798.

[75] 吴维，荆崇波，胡纪滨，等. 双缸体摆动斜盘式液压变压器特性分析 [J]. 机械工程学报，2013，49（22）：144-149.

[76] Jing C, Zhou J, Yuan S et al, Research on the pressure ratio characteristics of a swash plate-rotating hydraulic transformer [J]. Energies 2018, 11（6）：1-10.

[77] Achten P A J, Brink T V D. A hydraulic transformer with a swash block control around three axis of rotation [C]//The 8th International Fluid Power Conference, Dresden, Germany, 2012：134-148.

[78] 姜继海，杨冠中. 一种变量电液伺服液压变压器 [P]，ZL201310106143. 6，2013.06.

[79] 杨冠中. 变量液压变压器的特性及其配流研究 [D]. 哈尔滨：哈尔滨工业大学，2019.

[80] Yang G Z, Jiang J H. Power characteristics of a variable hydraulic transformer [J]. Chin J Aeronaut, 2015，28（3）：914-931.

[81] Yang G, Jiang J H. Flow characteristics of variable hydraulic transformer [J]. Journal of Central South University，2015，22（6）：2137-2148.

[82] Vael G E M, Achten P A J, Jeroen P. Cylinder control with the floating cup hydraulic transformer. [C]//Proc. of the 8th Scandinavian International Conference on Fluid Power SICFP'03，Tampere，2003.

［83］　Achten P A J，Changing the paradigml［C］//The Tenth Scandinvian International Conference on Fuid Power，Tampere，Finland，2007：1-16.

［84］　Vael G E M，Eggenkamp S，Achten P A J，et al. The E-hydrid［C］//The Twelfth Scandinvian International Conference on Fuid Power，Tampere. Finland，2011.

［85］　施虎，龚国芳，杨华勇. 采用液压变压器的盾构推进节能系统设计［J］. 工程机械，2009，40（5）：36-41.

［86］　董东双，邓洪超，马文星. 多功能清雪车单泵多马达液压系统功率分配分析［J］. 农业工程学报，2010，26（7）：140-146.

［87］　Wu W，Hu J b，Yuan S H，et al. A hydraulic hybrid propulsion method for automobiles with self-adaptive system［J］. Energy，2016，114（11）：683-692.

［88］　刘统，龚国芳，彭左，等. 基于液压变压器的 TBM 刀盘混合驱动系统［J］. 浙江大学学报（工学版），2016，50（3）：419-427.

［89］　Shen W，Jiang JH，SU X Y，et al. A new type of hydraulic cylinder system controlled by the new-type hydraulic transformer［J］ Proceedings of the Institution of Mechanical Engineers，Part C：Journal of Mechanical Engineering Science，2014，228（12）：2233-2245.

［90］　Shen W，Jiang J H. Dynamic analysis of boom system based on hydraulic transformer［J］. Trans Chin Soc Agric Mach，2013，44（04）：27-32.

［91］　Shen W，Jiang J H，Su X Y，et al. Control strategy analysis of the hydraulic hybrid excavator［J］. J Franklin Inst，2015，352（2）：541-561.

［92］　Vael G M，Eggenkamp S，Achten P A G. The E-hydrid［C］. 12th Scandinavian International Conference on Fluid Power，Tampere，2011：19-33.

［93］　Achen，Peter，Augustinus，et al. Hydraulic System with a Hydromotor fed by a Hydraulic Transformer［P］. WO98/54468，1998. 5.

［94］　Achten P A J，Vael G E M，Sokar M，et al. Design and fuel economy of a series hydraulic hybrid vehicle［C］. Proc 7th JFPS Int Symp Fluid Power，2008（7）：47-52.

［95］　Achten P A J，Vael G E M，Heybroek K. Efficient hydraulic pumps，motors and transformers for hydraulic hybrid systems in mobile machinery［C］//The Verein Deutscher Ingenieure conference，Friedrichshafen，Germany，2011：1506-1514.

［96］ Achten P A J. Vehicle with a hydraulic drive system ［P］. US9321339，2016. 04.

［97］ Wu W，Di C，Hu J. Dynamics of a hydraulic-transformer controlled hydraulic motor system for automobiles ［J］. Proc Inst Mech Eng Part D J Automob Eng，2016，230（2）：229-239.

［98］ Ning C，Chao Z，Li H et al. Control performance and energy saving potential analysis of a hydraulic hybrid luffing system for a bergepanzer ［J］. IEEE Access，2018（6）：34555-34566.

［99］ Ivantysyn J and Ivantysynova M. Hydrostatic pumps and motors ［M］. New Delhi：Academia Books International，2001：100-250.

［100］ Huang J，Yan Z，Quan L，et al. Characteristics of delivery pressure in the axial piston pump with combination of variable displacement and variable speed ［J］. Proc IMechE Part Ⅰ：J Systems and Control Engineering 2015，229（7）：599-613.

［101］ Schellinger S，Goenechea E. Automated self-regulating system for a low reflection line termination（RALA）［J］. Ölhydraulik Pneum 2002，46（4）：1-16.

［102］ Samada K，Richards C，Longmore D，et al. A finite element model of hydraulic pipelines using an optimized interlacing grid system ［J］. Proc IMechE，Part Ⅰ：J Systems and Control Engineering，1993，207（4）：213-222.

［103］ Kagawa T，Lee I，Kitagawa A，et al. High speed and accurate computing method of frequency-dependent friction in laminar pipe flow for characteristics method ［J］. Bull. JSME，Ser. B，1983，49（447）：2638-2644.

［104］ 朱爱华，朱成九，张卫华. 滚动轴承摩擦力矩的计算分析 ［J］. 轴承，2008，2008（7）：1-3.

［105］ 王彬. 轴向柱塞泵平面配流副的摩擦转矩特性试验研究 ［D］. 杭州：浙江大学，2009.

［106］ Zhu Y，Chen X，Zou J et al. A study on the influence of surface topography on the low-speed tribological performance of port plates in axial piston pumps ［J］. Wear 2015，339（15）：406-417.

［107］ Mandal N P，Saha R，Sanyal D. Effects of flow inertia modeling and valve-plate geometry on swash-plate axial piston pump performance ［J］. Proc IMechE，Part Ⅰ：J Systems and Control Engineering，2012，226（3）：

451-465.

［108］ ANSYS/Fluent：Users guide. 2019R1 ed. ，ANSYS Inc. ，Pittsburgh，PA，
USA，2019.

［109］ ANSYS/Fluent：Theory guide. 2019R1 ed. ，ANSYS Inc. ，Pittsburgh，
PA，USA，2019.

［110］ ANSYS/Fluent：Customization Manual. 2019R1 ed. ，ANSYS Inc. ，Pitts-
burgh，PA，USA，2019.

欢迎订购化工版液压气动技术图书

书号	书名	定价/元	出版时间
45217	液压试验技术及应用(第二版)	99.00	2024.6
23845	液压工程师技术手册(第二版)(精装)	298.00	2024.3
37252	气动故障诊断与维修手册	128.00	2020.9
31560	液压维修1000问(第二版)	169.00	2024.4
31345	液压维修实用技巧集锦(第2版)	69.00	2024.3
31448	液压与气压传动(附习题详解)(配课件)	49.00	2023.8
39804	气动阀原理、使用与维护	99.00	2022.1
38097	大型自行式液压载重车:理论基础卷	168.00	2021.4
30967	典型液压气动元件结构1200例	188.00	2018.3
30934	实用液压气动回路880例	98.00	2018.2
30711	液压元件选型与系统成套技术	98.00	2018.1
30515	液压与气动技术(配课件)	49.00	2022.8
36343	汽车液压气动技术基础	69.00	2020.5
35262	汽车轮毂液压混合动力系统关键技术	98.00	2020.2
30276	现代液压系统使用维护及故障诊断	89.00	2019.9
28531	新型液压传动:多泵多马达液压元件及系统	168.00	2019.1
27573	液压气动系统状态监测与故障诊断技术	98.00	2017.1
34676	液压元件与系统故障诊断排除典型案例	99.00	2019.9
40165	轻松识唱腔液压气动图形符号	49.80	2022.2
26608	车辆液压与液力传动	58.00	2024.1
25751	液压气动技术速查手册(第二版)	178.00	2021.11
37395	液压系统经典设计实例(配动画演示视频)	69.00	2024.1
34371	汽车液压、液力与气动技术(附习题详解)	49.00	2019.8
36140	轻松看懂液压气动系统原理图(配动画演示视频)	69.00	2020.5
36178	实用液压技术一本通(第三版)	69.00	2020.5
23944	现代液压技术应用220例(第三版)	98.00	2015.10
23558	车辆液压气动系统及维修	68.00	2015.8
19401	车辆与行走机械的静液压驱动	198.00	2022.5
19867	现代气动元件与系统	88.00	2021.3
17081	看图学液压维修技能(第二版)	39.00	2023.2
38471	看图学气动维修技能	49.80	2021.5
16250	图解液压技术基础	49.00	2024.1
29096	图解电气气动技术基础	45.00	2024.4
30573	气动技术入门与提高	45.00	2023.2
36394	液压传动入门与提高	58.00	2023.2

以上图书由化学工业出版社有限公司出版。如要以上图书的内容简介和详细目录，或者更多的专业图书信息，请登录 http：//www.cip.com.cn 。

地址：北京市东城区青年湖南街13号（100011）

购书咨询：010-64518888

如要出版新著，请与编辑联系。联系电话：010-64519275 联系邮箱：huangying0436@163.com